U0043603

歐洲彈性工作法則

WORK
TOGETHER
ANYWHERE

A Handbook on
Working Remotely
successfully for individuals,
teams and managers.

提升人生滿意度，促進團隊生產力，
成功遠距＋彈性工作的
全方位最新實用指南

萊絲特・薩德蘭 Lisette Sutherland
克麗思登・珍妮一尼爾森 Kristen Janene-Nelson
高霈芬 譯

Contents

第 1 部
遠距工作的場景：人、事、時、地及原因
⋯⋯⋯⋯⋯⋯013

第 2 部
個人遠距工作者 ⋯⋯⋯⋯⋯ 075

第 3 部
成功的遠距團隊入門課程：公司轉型與人才招募
⋯⋯⋯⋯⋯⋯129

如何使用本書

　　一般來說，遠距工作要成功，需要結合正確的工具、技能、心態組合。更精確地說，不同的場景與工作背景，會需要不同的工具、技能、心態組合。本書可以幫助你找到最符合自身需求的組合。全書共分4部，不論你是雇主或員工，都可從中找到你目前最需要的資訊，哪怕你是正在考慮遠距彈性工作、準備開始遠距，或是想要在遠距的路上精益求精。

　　如果你對遠距工作的概念還很陌生，可以從第1部開始閱讀。第1部說明了員工與雇主想要採用遠距工作模式的主要原因。在第1部的「更多資源」部份，非常適合還不知道如何有效率地在虛擬環境工作的人參考 ── 包含常見問題解答、在實體辦公室內工作有哪些優點、如何將這些優點轉移到線上工作環境等等。

　　第2部聚焦在採用遠距工作的個人，應該注意哪些事項。若你正在考慮採用遠距工作，第3章開頭先告訴你該如何替自己做決定，接著是採用遠距的時候需要注意的事項。第2部的「更多資源」部份當中的問卷可以幫助你更深入探討，評估自己是否已準備好投入遠距工作。你可以根據問卷結果，列出自己在遠距工作之前需要準備的事項。此外也會引導你在決定採用遠距工作模式之後，再往前一步：包含如何說服雇主（或團隊）讓你遠距工作、如何尋找遠距職位。第4章的討論層面更廣：遠距工作時，如何顧及個人以及團隊的需求。

　　第3部從管理者的角度來探討遠距工作。有意採用遠距模式的公司／部門可以閱讀第5章，了解拓展事業版圖該做的準備。第6章及第3部的「更多資源」部份則提供招募遠距員工的方法。

　　第4部列出管理遠距團隊的整體面向，一步一步帶著你學會：如何替每個人打造具有高生產力、高效率，又趣味十足的遠距工作體驗，內容包含如何評

估要怎麼將實體辦公室的需求轉移至網路世界、如何藉著擬定團隊協議來決定成員之間的共事方式。第10章還提供許多指引，包含如何提升會議效率、如何透過迭代的方式來實驗創新、在事業發展到一定程度時如何擴編等。第4部的「更多資源」部份有一份主管執行計畫書，把各章節提到的所有執行步驟統整在一起。

在結論的章節之後，則是本書的「相關資訊」列表部份。在這個內容齊備的部份裡，讀者可以找到接下來的方向，不管你需要的是各種各樣遠距科技與工具的詳細介紹，或者是需要關於網路禮節、人資相關資訊、破冰活動、檢討會議等等各方面的建議，在這個部份都可以找到。

另外，書中許多資訊普遍適用於各種不同類型的讀者與情境，所以內容或許時有重複。也就是說，有些資訊會出現不只一次，唯以不同的方式敘述。若出現重複的內容，代表這些概念是遠距共事最重要的關鍵，值得一再強調。

現在就開始與我一起探索遠距工作的美好世界吧！

前言

　　今天我和我的團隊（名稱叫做「敏捷規模」Agility Scales）開了一場不錯的會。會議頭5分鐘，我們討論了嘉年華會讓孩子穿什麼最潮（這一季最火紅的顯然是樂高忍者）。這是我們開會必備的閒聊儀式，不但可以避免馬上進入嚴肅的工作模式，也讓我們彼此之間的關係更人性、更親近。閒聊儀式整整5分鐘。

　　閒聊完畢，大家便開始熱烈討論該如何定調我們的線上產品，以及用哪些詞彙解釋產品，客戶比較好理解。我們也討論了新產品的主打功能、使用者社群的角色，以及其他重要的決定。這次會議相當愉快，每個人都有參與的機會，感覺有點像是行銷會議和存在主義對話的詭異結合。

　　1小時後會議準時結束 —— 我們喜歡準時散會。一如以往，我們在會議結束時檢討了這次會議的「時間投資報酬」（return on time invested，ROTI）。我們數到3，然後每個人都可以舉起手指，以1至5分來表示今天的會議效率。除了克利爾之外，每個人都給這次會議5分 —— 克利爾給了4分。差一點就滿分了！我們開玩笑說以後再也不讓克利爾加入會議，他也鬧著說他根本沒收到開會通知，他只是來亂的。大家笑成一團，我按下了離開會議鍵。

　　我摘下我的降噪耳機，把安卓平板收起來，環顧了一下周圍：我在機場咖啡店，我檢查了一下，看看有沒有人趁我開會的時候偷了我的東西。接著我收好個人物品，準備前往登機門。

　　我是一名遠距工作者，在哪都能彈性工作。

　　就我來看，**工作是你做的事，而不是你所在的地方。**這樣的工作心態需要特殊的思考模式，需要對組織有不同的認知，還需要一點規劃能力。

如果到處都是辦公室，你的紙本文件該收在哪裡？如果不能面對面見到你的工作團隊，要怎麼維持團隊合作？哪些工具適合用來規劃線上會議、時程安排、工作流程、設計、開發？如果眼前的環境不適合專注、不適合創意發想，那麼要怎麼工作呢？

　　企業界還不習慣這種工作模式。其實在我看來，在「正常」公司上班的人使用的詞彙，根本無法描述我的彈性工作／生活風格。例如，為什麼一定要說「遠距」呢？我的公司沒有辦公室，所以沒有一個定點可以讓我「距離那個定點很遠」。「虛擬」團隊又是什麼意思？難道因為沒有實際聚在一起工作，我們就不是「真實」的團隊嗎？居然還有人使用「真實生活中IRL, in real life」這種說法，我都不想講了。我反倒感覺自己比多數上班族更能享受「真實生活」，這些上班族的生命就在四面灰牆中被消磨掉了。

　　說到「虛擬」員工和「辦公室」員工，我在2013年時聘請了本書作者萊絲特・薩德蘭（Lisette Sutherland）擔任「快樂梅利」（Happy Melly）的虛擬團隊主管，快樂梅利是一間全球性的專業快樂協會，致力於幫助人們在職場工作中找到快樂。當時我想創立一間沒有實體辦公室的公司，薩德蘭又剛好是這個領域的翹楚，我當然得讓她大顯身手，請她把過程中體驗到的秘訣傳授給我們。事實證明這個決定太正確了。薩德蘭把線上工作／生活與團隊合作這個問題，做了一番徹底的學習與探索 —— 接下來，她在書中會傳授「想要成功地進行彈性工作，必須注意的所有問題」給大家。

　　剛提筆開始撰寫這篇序言時，我人在法國的土魯斯機場。而走筆至此，現在我人已經飛抵荷蘭鹿特丹，坐在我最喜歡的咖啡吧完成這份序言文稿。中間我也曾在德國杜塞道夫、比利時布魯塞爾和荷蘭的阿姆斯特丹等地寫過稿。同時我還必須遠距管理來自四面八方的工作團隊，他們分散在四個大陸、數十個國家。在這篇行雲流水的序言中，你一定看不出地點的轉換。

　　這一切聽起來是不是很陌生、很困難？不用擔心，就讓作者來教你如何替自己以及團隊規劃彈性的遠距工作模式。不要再「去工作」了，要開始「做工作」！

—— 作家／講者／企業家尤爾根・阿佩羅 Jurgen Appelo

簡介

2006年我住在加州，加入了一個熱愛科技、未來趨勢以及維持健康的社群。每週日我們都會一起去爬山。社群中有個人特別引起我的注意，因為這個人當時有個奇妙的創業想法：他想要消滅死亡。

我早就知道有很多長壽狂熱份子在做抗老化的研究和實驗，這些人當中有火箭科學家、理論物理學者、企業家以及軟體開發者。他們有些人控制飲食熱量，有些人研究人體冷凍，有些人做奈米技術。我那位抗死亡山友透過人脈，認識了有相同目標的人，不過他們還沒有定期交流、分享資訊。於是他夢想著要創造一個線上專案管理工具，讓世界各地的長壽科學家有機會合作解決老化的問題。

我忽然感覺醍醐灌頂：幾世紀以來，雇主總是從可以聚在某處共事的人裡面挑選最適任的員工。地點是不變的常數，而在該地點聚集的最優秀員工們，則只是變數。這表示工作團隊中不見得都是「最優秀、最聰明」的員工 ── 他們只是辦公室附近、或是願意搬家到辦公室附近的人當中，最優秀的。當然，這是從雇主的角度來看。從員工的角度來看，他們接受的工作只是當下身邊最好的職缺 ── 不見得是讓自己每天起都有起床動力的工作。

但如果我們可以換個方式，把工作地點變成變數（把地點變成無形的概念），那麼常數就可以是更重要的東西：工作能力（而工作熱忱也是能力的一部分）。如此一來，雇主就可以延攬最優秀、最聰明、最認真工作的人才 ── 不受人才所在地的限制。

我喜歡這種概念。我曾經在某間公司上班，單純因為那是一份「好工作」，可是我對那工作一點興趣都沒有。每天早上到了我稱之為「灰色方格」的辦公空間（像極了呆伯特Dilbert漫畫中的辦公桌），我總心想：「呃，這不

是我要的生活。」這份工作做了幾年後，還算單純年輕的我放棄了穩定與高薪，辭職追尋更能展現自我的工作，以及讓我更覺得活著有意義的工作。轉換跑道的初期並不怎麼光鮮亮麗，有好長的一段時間我的收入不足，但最後我總算找到了自己的強項，以及專屬於我個人的成功。

每每想到科技可以讓所有人都有機會從事自己熱愛的工作，我就感覺興奮。於是我開始跟其他有類似想法的人交流，也找到許多可聊的對象。我訪問了80多間工司的老闆與主管，這些公司的商業模式建立在「成功突破距離的限制」，例如提供諮商服務的公司、外包公司、提供訓練課程的公司等。此外我也訪問了上百名個人工作者，其中有軟體開發師、人資主管、腦神經科學家等。每個人對於個人或團隊的遠距工作都頗有心得。他們提供的秘訣中，有些我已經知道，好比保持聯繫、建立團隊等。有些則令我相當驚訝，像是只要打開視訊就可以建立更深的連結，以及人類其實並不是那麼願意嘗試新事物

與這些人的對話中，我最大的收穫就是知道遠距工作沒有「萬靈丹」，放諸四海皆準的解決方案並不存在。每個個人、每間公司都必須自己嘗試各種不同的工具與程序，找出最適合自己的方法來提升生產力。但是究竟有哪些工具可以運用呢？不同類型的遠距工作團隊使用哪些工作流程最有效呢？我爬梳了各種線上相關資料，盡力了解遠距工作的一切，不只是如何做得更好，還要能夠確實提高生產力 —— 甚至在某些情況中，讓彈性的遠距工作比實體辦公室更理想。我也把查找到的資料以及其他相關知識都收錄在書中。

為了幫助你更了解遠距工作這個領域，本書分成4部10章，讓不同階段、不同需求的讀者都可找到最適合自己的遠距工作相關知識。如果遠距工作對你來說是全新的概念，可以從第1部開始閱讀，其中有當前遠距工作大環境的鳥瞰，並詳細交代遠距工作的人、事、地與原因。第2部從個人層面討論，可能是考慮想要開始、剛開始（第3章），或是想要在遠距工作上精益求精的工作者。第3部和第4部討論團隊領導者以及主管／老闆：這些人可能是想要轉型採遠距工作模式（第5章）、想要雇用遠距員工（第6章），或是想要在遠距的路上精益求精（第7章至第10章）。每一部最後都有適用於該部目標讀者的「更多資源」篇章。緊接在第4部之後是「相關資訊列表」，列出了適用於各種不同狀況的資源 ——「遠距科技與工具」段落尤其值得參考。有個人

特殊需求的讀者，可以參考「隨處都是辦公室」工作坊，有實體工作坊與線上工作坊可供選擇。

也別錯過本書結語，我在結語中用美麗的詞句講述世界各地的人如何在遠距工作中創造成果，以及遠距工作如何達成從前我們認為不可能的成就。最後，我想要向在「協作超能力」（Collaboration Superpowers）線上廣播節目中接受我訪問的遠距工作專家致意 —— 在我撰寫本文時，「協作超能力」已經播到第175集，每集的內容都各有特色。

本書內容建立在一個重要的觀念上：知識越多，準備就越充分。所以我真心建議你至少瀏覽本書中描述你的工作隊友的部份。你越是了解他們的觀點（而他們也越了解你的觀點），就更能跟這些人攜手提高生產力。見多識廣了，每個人就都能更清楚該如何做得更好。

對尚未投入遠距工作的人來說，遠距的彈性工作模式可能會令人感到卻步，但其實無須害怕。不論你是個人、主管，或是老闆，在接下來的章節中，不僅可以找到遠距入門方法，還能更近一步邁向成功。書中網羅的資訊替我們勾勒出一幅充滿無限可能的美好未來。此外，公司行號不斷轉型，遠距協作科技也日新月異，又讓前景更加看好。

我持續訪問遠距工作者，也因此認識了更多來自世界各地、積極追尋自己熱愛的工作的人。每每想起以往辦公室工作的灰暗日子，我就會想到還有千千萬萬的人，正在感覺到自己工作黯淡無光。但工作不必是黑白的 —— 現在的科技已經可以突破距離的限制，替認真工作的人找到早上起床的動力。接下來的章節中，我會告訴你如何達成這個目標。

這場旅程走到最後，人類還是不大可能戰勝死亡，但我希望本書接下來提到的祕訣、工具以及步驟，可以開拓你的視野，幫助你看見目前遠距工作的各種可能，藉此鼓勵你成就更大的事。想想，若能與合適的人共事，能有多美好的成就！

遠距工作的場景
人、事、時、地及原因

• • •

如前所述，第 1 部旨在簡短描述遠距工作者與遠距雇主的整體現況，也會稍微談到這些人是在什麼契機之下開始遠距。第 1 章由遠距工作者的視角切入，與讀者分享遠距工作最迷人之處：**工作彈性**。第 2 章討論遠距工作的彈性可以替雇主製造雙贏。第二章也點出一些遠距工作的常見問題以及解決方式，專為那些對遠距工作還有疑慮的人（或雇主）參考。第 1 部「更多資源」中的「常見問題」則延續前面的討論；「一窺究竟」則濃縮整理了如何把實體辦公室工作的優點複製到線上工作模式上 —— 第 8 章會針對這個主題有更詳盡的解說。

想要進階了解遠距工作的人可以閱讀第 2 部 —— 個人遠距工作者。而想要進一步了解遠距工作的專業經理人可以閱讀第 3 部 —— 成功的遠距團隊入門課程：公司轉型與人才招募。已經採取遠距工作模式的管理者可以閱讀第 4 部 —— 成功的遠距團隊進階課程：管理遠距員工與遠距團隊。

第 1 章

● ● ●

彈性的工作就是吸引人的工作

> 我們現在看到的大多不是新的概念，只是科技讓更多人擁有了隨處辦公的機會。
> ——「遠距而不疏離」（Virtual not Distant）總監皮拉兒·歐蒂（Pilar Orti）[1]

本書希望為團隊成員、團隊領導者、個人工作者提供遠距工作的成功法則。然而在開始之前，有些人（尤其是管理階層）可能會疑惑：要如何「不一直盯著員工，又讓員工拿出優秀的工作表現」？這個問題的答案有許多不同面向，其中最關鍵的是要了解工作者對遠距工作動念的原因。我們會在本章後半回答這個問題，但是要了解遠距工作的全貌，首先要來看有哪些類型的遠距工作者。

我們可以用這些詞彙描述彈性工作

遠距工作的個人可能是全職的通訊工作者、接案的自由業者 —— 有些甚至是**數位遊民**（digital nomad）。（本書末尾有重要字彙的列表，可以參看）。遠距員工通常可以分為三類：通訊工作者、自雇者、企業經營者。

通訊工作者（telecommuter）：隸屬於公司內某個團隊的全職或兼職遠距員工（辦公地點通常在自宅）。根據全球工作場所分析（Global Workplace

Analytics）的研究，美國典型的通訊工作者通常是45歲以上、有大學學歷、非工會成員，從事有薪給的專業工作或為管理階層。這樣的通訊工作者年薪約5萬8千美元，任職的公司通常有上百名員工。此外，75％在家工作的通訊員工年薪超過6萬5千美元，在所有員工，包含在家與辦公室員工，當中的薪資排名為前8％。[2]

自雇自由業者（self-employed freelancers）：主要工作內容是提供服務，常與多個遠端的客戶合作，工作有可能同時或接續進行。後面也會提到，Upwork接案平台與自由業者聯盟Freelancers Union將自由業者定義為「在過去十二個月中，從事附加、暫時性工作，或計畫性、合約性工作的個人」[3]。

一人公司老闆（solopreneur）：有些自雇自由業者也自營一人小公司，有的人則擁有較多員工，雇有多名遠距員工或與其他協力廠商合作。

上述這些類型的遠距工作者可能也同時是「數位遊民」—— 他們使用行動科技，維持「不在一個固定地點工作」的生活型態。

五種類型的自由工作者

自由工作者的英文free-lancer起初是用來形容中世紀那些「並非效忠特定一個主人」的雇傭騎兵。現在的自由業者主要有五類，Upwork接案平台與自由業者聯盟將這些自由業者定義為「在過去十二個月中，從事附加、暫時性工作，或計畫性、合約性工作的個人」。

獨立承攬人（佔獨立工作者人口的40％）：這些「傳統」的自由業者沒有穩定的全職職位，沒有固定雇主，工作形式以接案為主，從事短期或是附加工作。

兼差族（佔獨立工作者的27％）：擁有傳統正職的專業人士，可利用晚上兼差接案，例如替理念相同、薪水較低的非營利組織做

事。

多元工作者（18％）：替許多不同雇主做事來維持生活的人。舉例來說，工時固定的兼職接待員同時可能也做服務生工作、開計程車，或接案寫文章。

短期臨時工（15％）：這個類別包含短期約聘工作者，也許是聘用一天的電影劇組化妝師，也可能是辦公室或倉儲為期數週的短期員工，或是為期數個月的企業顧問。

自營企業家（5％）：自由工作者可以是一人公司的老闆（沒有員工），也可以是有聘請員工的企業家（員工人數通常5人以下，或與承包商合作）。

資料來源：〈2017年美國自由業現況〉（Freelancing in America: 2017），Upwork接案平台與自由業者聯盟[4]

在某些行業裡，「進辦公室工作」還是主流，但通訊員工並非罕見。確實也有些公司翻轉了「一般員工」的定義，讓團隊部份成員（甚或是整個團隊）遠距工作。

遠距團隊指的是「共同處理某項專案」的一群人。團隊成員有時來自同一家公司，有時是一群自由業者，有時兩種成員同時存在。遠距團隊通常可分為以下4類，分類的依據是工作地點，而非工作內容。當團隊某些成員在同一地點工作（集中作業），其他成員則採取遠距工作模式，這叫做「部分分散」遠距團隊。當團隊所有成員皆採取遠距工作模式，不論成員各自身在何處，就叫做「完全分散」遠距團隊。外推至公司層面來討論，有些公司在不同的地點有不同的團隊。當然，也有在各處設置辦公室的全球性組織。以下舉幾個例子。

部分分散的公司當中，會有集中作業員工，也有遠距工作員工。「目標程序」（Targetprocess）工作管理軟體公司約有80名員工。工作團隊中多數成員

（90％）在白俄羅斯明斯克的總部集中工作，剩下的10％則分散在世界各地。適性科技公司（Suitable Technologies）通勤工作者與遠距工作者的比例則是4成/6成：約有40％的員工通勤至位於加州帕羅奧圖（Palo Alto）的總部上班，另外60％的員工則遙控機器人，從遠端工作。

完全分散的公司中，所有員工都採遠距工作模式。快樂梅利是全球性專業快樂協會，致力於提昇工作滿意度，提供專業發展的資源。快樂梅利的遠距成員（包括我本人）分別在比利時、加拿大、芬蘭、印度、荷蘭、俄國、斯洛維尼亞、西班牙、南蘇丹以及英國辦公。而「創業小分隊」（StarterSquad）這家公司則有來自世界各地，非常專業的軟體開發者、設計師，以及「成長駭客」（growth hacker），專替新創企業研發軟體。創業小分隊的團隊組成，背後有個有趣的故事。起初某個案主有項軟體開發專案，便透過線上發案平台Upwork（原為 Elance）雇用了各種不同類型的自由業者（這些自由業者彼此並不認識），大家在這個案子合作一陣子，建立起非常良好的關係，後來案主無預警倒閉，團隊成員卻不想分道揚鑣。那時起，這群人便開始自營創業家團隊。

有些公司則同時與不同地點的數個團隊合作。萊恩・范・魯斯麥倫（Ralph van Roosmalen）創業之前，在荷蘭聖托亨波斯市（'s-Hertogenbosch）的辦公室上班，那時他負責管理三個團隊，這三個團隊分別位在三個國家：荷蘭、羅馬尼亞以及美國。管理諮詢公司「激進包容」（Radical Inclusion）的合作夥伴也各自在比利時、巴西與德國等地生活、辦公。

用地理／文化來描述彈性工作

　　就地理上來說，遠距工作團隊可以位在同一地點、鄰近區域，也可以遠在他方。「鄰近區域」一般指的是團隊成員開車就可以見到面的地點。「遠在他方」的工作團隊中，至少有一名成員的所在地非常遙遠，若要見面必須事先安排。最遠距離獎要頒發給在國際太空

站工作的6名太空人，國際太空站距離地球250英里，每90分鐘繞地球一圈。而地球上，美國航太總署（NASA, National Aeronautics and Space Administration）有個團隊專門負責遠距協助太空人工作，該團隊的成員也分別在世界各地辦公。

遠距工作還有另一個面向，可以用文化來分類，通常分為近岸外包（near-shoring）與離岸外包（off-shoring）。語言與文化近似的國家的人一起工作，叫做**近岸外包**，例如成員來自歐洲、北歐以及美國的團隊。語言與文化很不一樣的人一起工作，就叫做**離岸外包**，例如成員來自哥倫比亞、歐洲、巴基斯坦以及美國的團隊。

遠距工作的各種面貌

在遠距條件、環境下工作的人是怎樣的呢 —— 什麼類型的人會想要找傳統辦公室外的工作呢？其實各式各樣的人都有。遠距工作需要科技輔助，一般人可能會猜想遠距工作者多來自千禧世代／Y世代，或是更年輕的人（也就是1985年後出生的人）。以全球的角度來看，應該是這樣沒錯。2018年的「派安盈自由業者收入調查」（Payoneer Freelancer Income Survey）中，超過50％的調查對象（來自170個國家，共2萬1千人）年齡小於30歲。[5]若單看美國，平均年齡則偏高。根據2017年「美國受僱勞動人口通訊調查」（State of Telecommuting in the U.S. Employee Workforce），有一半的通訊員工年齡大於45[6]。

2017年8月，提供彈性專業工作機會的線上求職平台FlexJobs，針對美國境內尋找彈性工作的求職者，發表了一份調查報告 —— 調查對象共5千5百人，其中嬰兒潮世代以及 X 世代（兩個世代涵蓋1945至1984年間出生的人）佔了將近3/4的人數（72％）。這些人背景相當多元，有職業父母、企業家、學生和退休人士 —— 他們絕大多數（61％）希望全時通訊工作模式[7]。詳見以下列表。

二〇一七 FlexJobs「超級調查」數據

5千5百名調查對象分別表示自己的身份為：

- 職業父母（35%）
- 自由業者（26%）
- 創業家（21%）
- 郊區居民（15%）
- 全職媽媽（14%）
- 患有慢性疾病或是精神疾病的人（14%）
- 數位遊民（12%）
- 照護者（9%）
- 學生（9%）
- 退休人士（8%）
- 超級通勤族（8%）
- 軍人配偶（2%）
- 全職爸爸（2%）

年齡／世代

- X世代（41%）
- 嬰兒潮世代（31%）
- 千禧世代／Y世代（21%）
- 沈默的世代（6%）
- Z世代（1%）

期望工作性質

- 全時通訊工作（81%）
- 彈性工時（70%）

- 部分時間通訊工作（46%）
- 兼職工作（46%）
- 替代工時（例如短時間內安排較多工作時數）（44%）
- 自由接案（39%）[8]

　　這群人背景多元，想要遠距工作的原因也各有千秋。很多人想要遠距工作是為了安排工時 —— 主要是希望可以把更多時間留給家人。而FlexJobs在2017年的另一份調查中也發現，父母認為工作彈性（84%）甚至比薪水（75%）更重要[9]。

　　對一些人來說，想要遠距工作是因為環境的限制，好比全職父母、需要照顧父母的成年人，或是軍人配偶（不希望自己的工作受到家人駐地調動而中斷）。退休人士也對遠距工作很感興趣。企業家／講者／作者萊絲莉・特魯絲（Leslie Truex）提到：「很多人在尋找退休後補貼家用的機會，或想要提早退休 —— 他們知道要有收入才能退休[10]。」作家／職涯發展專家布里・雷諾茲（Brie Reynolds）也同意這種說法，她表示：「我雙親都退休了。他們想要繼續做事，但又不想每天通勤，也討厭辦公室文化。他們希望可以在退休後運用這輩子習得的知識和技能來做些有意義的事[11]。」

　　遠距工作越來越受歡迎，有個關鍵原因是「時機到了」。線上工作媒合平台如Freelancer.com、SimplyHired、Upwork等如雨後春筍般出現，外包工作的機會也越來越多。〈2017年美國自由業現況〉調查中提到：「71%的自由業者表示過去一年中，在線上找到的工作比例變高了」，而在線上找到工作的人當中，有77%可以在一週內上工。以現在的成長速度來看，「到了2027年，美國勞動力絕大部分會是自由業者」[12]。至於收入，2018年年初，Upwork.com上的自由業者年收入總計已經衝上15億美元大關[13]。

　　遠距工作機會中還存在著另一個附加誘因，就是求職者在為新工作搬家之前，有機會先試試水溫。金融服務業高層傑瑞米・史坦頓（Jeremy Stanton）指出：「決定接受某個職務有很多風險，需要舉家搬遷的時候更是

如此。做了6個月之後發現不適合怎麼辦？這樣很難和另一半交代。如果先從遠距開始，就有更多空間可以慢慢熟悉這間公司，每個人都有機會觀察這份工作是否合適[14]。」

辦公室工作機會減少，也是很多人開始尋找遠距工作的原因。萊絲莉‧特魯絲表示：「有些人習慣了月薪和公司福利，不敢成為自由業者，但我們發現，越來越多雇主開始減少員工福利，哪怕公司並未面臨倒閉的危機。正職工作較有保障這種想法已經不見得正確了[15]。」換句話說，很多人轉為自由業之後，反而感覺自己工作穩定 —— **因為他們的收入來源並非單一公司**。我自己也是過來人。我過去任職的某間公司在一夜之間倒閉，下一份工作我做了兩年，公司就被賣掉，我又失業了。這讓我開始想要有「穩定的工作」，想要拿回主導權。最後，為了讓工作更有保障，我展開了全職自由業者的生活。

此外，很多人選擇遠距工作的原因與通勤有關。對一些人來說，他們或許願意到辦公室上班，問題在於抵達辦公室有難度。「尋源」（SourceSeek）軟體開發工作媒合網站創辦人大衛‧赫克（Dave Hecker）表示：「世界在改變，太多人不想再坐辦公室了[16]。」我的受訪者中，想要遠距工作的最常見原因是：想終結討厭的通勤生活。世界各地的通勤時間不盡相同，有些地方一天只要幾分鐘，有些地方一天要數小時。根據2016年的「PGi 全球通訊工作調查」（PGi Global Telework），調查對象中絕大多數的「非通訊工作者」每天來回通勤要花上30至60分鐘；亞太地區的非通訊工作者中，1/3的人通勤時間超過1小時[17]。每花一分鐘的時間通勤，就少一分鐘的時間工作，少一分鐘可以追求興趣或與重要的人相處。此外，通勤本身就令人倍感壓力，常會遇到塞車、擠公車、擠火車、班次誤點，還有討厭的臭味與噪音。世界各地很多上班族都認為，若通勤條件不好，再怎麼好的工作都毀了。

通勤的另一個問題是開銷。不單單是通勤本身的開銷，還必須考慮在辦公室附近找一個宜居住的社區，所需要的開銷。我有好幾名受訪者都住在生活開銷較低的地區，同時享受大都市的收入。

怎麼看生產力這件事

論到實體辦公室，雖然有些人在辦公室埋頭苦幹的氛圍中比較有效率，多數人卻認為自己在這種環境下工作生產力最低。為什麼呢？許多人認為辦公室容易使人分心：會議、聊天、噪音等等，都會影響生產力。職涯發展專家布里·雷諾茲引述自FlexJobs累積多年的資料指出，選擇遠距工作的主因是想要「逃離辦公室的干擾因素」。想要遠距的人不喜歡辦公室文化，也不喜歡有人忽然出現在自己的辦公區，只想專心完成工作[18]。

FlexJobs 2017年的調查：在辦公室外工作的生產力

根據調查對象的陳述，遠距工作可提高生產力的前幾大原因：

· 來自同事的干擾較少（76%）

· 令人分心的因素較少（76%）

· 通勤壓力變小（70%）

· 辦公室文化減到最低（69%）

· 噪音較低（62%）

· 可以穿較舒適的衣服（54%）

· 更加個人化的辦公環境（51%）

· 較少開會（46%）

· 會議更有效率（31%）

資料來源：〈在家工作生產力較高〉（Workers Are More Productive at Home），FlexJobs，2017年8月19日。

創業家／作家萊絲莉·特魯絲也同意這個觀點：「事實上，我們每個人都看過辦公室同事人在心不在。許多研究顯示，通訊工作者的生產力其實很高，他們可以用更少的時間完成更多事情[20]。」舉例來說，2017年《富比世》

一份報告指出：「根據『工作現狀』（State of Work）產能報告，65％的全職員工認為遠距工作的時間安排可以提升生產力。以下數據也支持以上說法：2/3的管理階層表示，遠距員工的整體生產力有所提升[21]。」

2014年，《哈佛商業評論》訪問了中國攜程旅遊網客服「半遠距半實地工作生產力研究」的作者。這項研究發現「在家工作的客服人員接的電話，比辦公室客服人員多了13.5％。也就是說，攜程從在家工作的員工身上，多獲得了一個工作天的生產力。」史丹佛大學經濟教授尼可拉斯·布魯姆（Nicholas Bloom）的報告指出：「生產力的提升，有1/3來自於較安靜的環境，環境安靜比較適合通話。在家工作的人不會老想著去茶水間閒聊。辦公室是非常令人分心的場所。另外2/3的生產力提升，可歸因於在家工作的人工時較多。他們較早上工，休息時間較短，一路工作到當天結束。這些人不用通勤，不用在午飯時間外出辦私事。在家工作者請的病假也大幅減少[22]。」

就連科技龍頭百思買（Best Buy）也在2006年表示，轉型讓員工能隨時隨地彈性上班的部門，生產力平均提升了35％。然而大家都知道，百思買最終還是取消了遠距工作政策，原因是「實際聚在一起工作帶可以帶來不同的好處[23]。」（稍後針對這點有更多討論）。

遠距工作的生產力

「人才中心」（Hubstaff）遠距工作軟體公司2016年發表的〈遠距工作者是否更有生產力？我們替你爬梳了所有相關研究〉（Are Remote Workers More Productive? We've Checked All the Research So You Don't Have To）說明了一切。根據「許多大公司以及公民組織做的各種研究」，遠距工作的生產力更高。總而言之，從這份報告的發現可以得知：

- 工作內容相同時，遠距工作者的工作品質與工作速度皆優於辦公室員工。

- 遠距工作者的工時更長。一部分是因為在家工作不會把疾病傳染給辦公室同事，所以他們較少請病假。遠距工作者「工作時更加投入，個人成就感與幸福程度也比較高」（詳如下列幾點），這也可能是他們生產力較高的原因。
- 遠距工作者工作更投入。
- 遠距工作者對自己的工作比較滿意。
- 遠距工作者比較善於協作。
- 遠距工作者替雇主降低成本。

「人才中心」引述的資料來源包括：「連結解決方案」（ConnectSolutions，現為「連結雲」CoSo Cloud）、蓋洛普2017年的「美國工作環境現狀」（State of the American Workplace）報告、「全球工作場所分析」（GlobalWorkplaceAnalytics.com，根據2005至2015年美國普查局的數據進行之分析）、《哈佛商業評論》以及Remote.co[24]。

現在的職場已經不同以往，工作不會只有一種形式，不是一個模子刻出來的。對許多工作者、許多產業來說，生產力最好的工作地點並非辦公室。

有次我在度假時，手上有些工作，我才忽然明白了這一切。我發現自己那次的工作表現特別好，工作速度也比在辦公室快。於是我才了解，原來改變工作地點可以提升工作效率。
—— 瑞典創意公司 interesting.org 創意大師迪歐・艾恩（Teo Härén）[25]

所有資料都在雲端。不管人在家裡還是在國外旅行，我的工作效率都和在辦公室工作一樣好。
—— 擬人化科技公司（Personify Inc）銷售總監尼克・提門斯（Nick Timmons）[26]

毫無疑問，我在家工作時生產力比較高——至少在處理幾乎無需協作的工作時是如此。獨處時我最能專心，在辦公室上班就常被打擾，雖然打擾通常都是公務，這倒是無所謂，但我也常被與工作無關的事情纏住。

——二手車零售商卡瓦納（Carvana）資深工程師亞伯拉罕・希沃（Abraham Heward）[27]

事實上，不同的人適合不同的工作環境，每個人都希望可以自由選擇適合自己的工作地點和工作環境。自由選擇地點的概念其實並不限於單一工作環境：許多受訪者會依據手上的工作內容來決定工作場所。

我的工作地點取決於手邊的工作。若要從事思考、設計類的工作，需要集中注意力，那麼我會去咖啡店，身邊有很多人我比較能專心。若是從事例常工作，只需要看一些東西，我會待在家。

——科技供應商零官僚（Zerocracy.com）執行長伊果・布加楊科（Yegor Bugayenko）[28]

我比較喜歡混合工作模式，我在做結對程式設計（pair programming）與訓練時，集中作業比較有效率，但是我在獨自工作的時候，專注力比較高。

——二手車零售商卡瓦納資深工程師亞伯拉罕・希沃[29]

我的辦公室沒有固定形式。我會尋找適合手邊工作的辦公地點。極度無聊的工作，例如開發票，我會安排在美麗的環境做這種工作。我會累積兩、三個月的發票，到海邊找間咖啡店，在令人醉心的地方做無聊的工作。我哥哥也很討厭開發票，但他用另一種方式解決。他喜歡坐在無窗的房間，讓開手邊的工作又變得更加無聊，這樣他就會卯足全力趕緊做完。

——瑞典創意公司 interesting.org 創意大師迪歐・艾恩[30]

我們也可以從心理層面來討論遠距工作。自由選擇工作場所對工作者來說是個加分，也可以改善工作者的心情，這點毋庸置疑。但重點是，自由選

擇工作地點帶來的自主權不僅對工作者有益，也可以回饋給雇主。員工喜歡工作內容、喜歡工作環境，工作表現自然比較好。「九雲精釀咖啡」（Cloud9 Brewing Systems）技術長特洛伊・賈德諾（Troy Gardner）表示：「我不喜歡在22度恆溫、日光燈下的嘈雜空間工作……我喜歡我的升降工作桌、我舒服的椅子，還有超多電腦螢幕。[31]」（後面會針對這點有更多討論）

當然，某些性質的工作還是需要集中作業，員工並不會反對，反而對其他方面的工作彈性更是心存感激。舉例來說，蓋璞服飾（Gap Inc）讓總部員工彈性決定工作時間，很多員工還是會進來辦公室上班，只是選擇離峰時段，這樣一天便可以減少至多1小時的通勤時間。他們通常會把省下來的通勤時間拿來工作。彈性上班時間於是提升了生產力[32]。

遠距工作，創造雙贏

暫且先不談必要的當面開會與協作，有些人若不能在某個場所集中工作，就會無所適從，更不可能累積專業。很多人無法想像工作團隊不在身邊，有問題沒辦法馬上問。也有許多人表示一起工作會有意外的收穫，像是可以「不小心」聽到別人說話。受訪者蘿拉・魯克（Laura Rooke）表示：「遠距工作會錯過在辦公室可能不小心聽到的事。有時無意間聽到的談話內容，就跟實際參與談話一樣，有很多寶貴的資訊[33]。」此外，在辦公室上班確實有社交優勢 —— 茶水間的閒談、中午一起吃飯、下班一起喝酒，或是單純有人同甘共苦，不用單打獨鬥。

好在，我們可以靠科技與智慧來解決遠距工作會遇到的問題。本書的重點就是與讀者分享各種解決方案，你可以在書中各章節找到特定資訊，書末「相關資訊列表」中的「科技與工具」，以及談到團隊的章節（第4部）尤其豐富。這裡我們先針對上述問題提供幾個解決方案。

如果想要快速聯絡同事

首先可以使用老派數位通訊工具：電話、電子郵件、簡訊、即時通訊等。另外要事先告知同事，可以在什麼時間用什麼方式聯絡你，這樣就可以解決臨時遇到問題的困擾。再來，可以利用更先進的視訊通訊工具，例如視訊聊天科技（詳見下一段）以及虛擬辦公室科技的通訊功能，讓互動變得更有意思。附帶一提，有些研究發現就算是在辦公室上班，數位通訊科技仍是必備工具；生物科技大廠基因泰克（Genentech）做的一項內部調查發現，員工在一般上班日，高達80%的時間不在座位上[34]。

面對面互動的好處

以下故事說明了數位面對面互動——視訊聊天——的功用。瑪莉詠‧史密茲（Marion Smits）是荷蘭鹿特丹伊拉斯莫斯大學（Erasmus MC）的副教授與神經放射學家，有次赴英國倫敦進行一項為期6個月的專案時，必須同時與在伊拉斯莫斯大學的博士生維持暢通的聯繫。馬莉詠離開荷蘭之前，學生們很擔心之後聯絡會有困難，會找不到老師。然而，好在有Skype通話替代實體會議，他們最後發現師生間的合作和以往並沒有不同，何況他們本來就是使用電子郵件聯絡、用Dropbox共享檔案。史密茲從倫敦返國後，學生還開玩笑說，這下要開會還得橫跨校園，走路15分鐘到教授辦公室，實在麻煩。

實體工作的意外好處

要解決這個問題，必須結合數位時代的科技以及現代一種名為「放聲工作法」（working out loud）的工作模式（第4章以及第4部會針對這個方法有更詳盡的討論）。

在辦公室工作的社交優勢

針對人的社交互動需求，現在竟然已經有了數位解決方案。

舉例來說，使用虛擬辦公室的員工，可以標示自己現在是否可以聊天 —— 也就是他們當下是否「開放」讓同事忽然線上來訪。「激進包容」的管理合夥人史蒂芬·朵恩（Stephan Dohrn）也這麼說：「群組聊天室就像是線上茶水間」[35]。也可以使用視訊聊天功能一起吃午餐，或是下班一起喝一杯。

獨自工作的缺點

有些人單純不喜歡獨自工作，而拜行動科技如手機、筆記型電腦、雲端軟體等之賜，這些人可以盤據咖啡店一隅，或是在共同工作空間租一個位子 —— 可以視需要短租，也可以包年。

實際見面的好處

有些工作光靠視訊見面還不夠。若是如此，就算彼此相隔很遠，團隊成員也應該想辦法安排見面。遠距工作專家大多建議養成盡可能安排見面的習慣。

有一點很重要，得再說一次：大家都喜歡自己決定工作時間和工作地點，也喜歡選擇對自己有意義的工作，而且還要有同樣熱愛工作的同事、對自己的工作感到滿意的同事。受訪者中不斷有人提到：薪水固然重要，但是到了某個程度，你會覺得有意思的工作和合作愉快的同事，會比薪資條件更加重要。

我很喜歡寫程式，也喜歡與跟我一樣滿腔熱血、想寫出優質程式的人共事。我工作不只是為了賺錢，而寫程式不只是工作，也是興趣。每一天，我都想要與那些和我有相同熱情的人共事。

—— 科技供應商「零官僚」執行長伊果·布加楊科[36]

我們公司的工作是保護大家免受各種網路安全性威脅。可以做些事情來改變線上世界的缺點，感覺很棒。

　　——資安業者桑納泰普（Sonatype）馬克‧基爾拜（Mark Kilby）[37]

做自己熱愛的事情，又可以賺錢，會產生一種很特別的美好感受。沒有什麼比這更棒了。

　　——弗許企業有限公司（Forsche Enterprises Ltd）共同創辦人／線上破冰遊戲（Virtual Ice Breakers）創辦人傑哈‧博里（Gerard Beaulieu）[38]

工作彈性：成果導向與時數導向

許多人直接假設在辦公室外工作的員工會偷懶。但是我們發現，員工其實怕失去工作……所以知道不能偷懶。

　　——蓋璞服飾（Gap Inc）前人資長／白宮創新和創業國家顧問委員會（Appointee, National Advisory Council on Innovation & Entrepreneurship）專員艾瑞克‧賽佛森（Eric Severson）[39]

在這個段落，我們首先點出管理者的疑惑：當員工沒有在你直接的監督之下，會拿出優異的工作表現嗎？如何辦到？第一題的答案是：可以。至於該如何辦到，可以從「成果導向工作模式」的概念來探討。

在職場上，一場變革正悄悄、持續地在發生——工作自主權的變革。幾百年以來，工作者一向於固定時間、到集中的工作場所工作。然而現今的科技開啟了新的可能，員工不管在何時何處，都可以拿出優秀的工作表現。這種可能性讓一些管理階層感到不安，因為他們認為必須親自監督員工，員工做事才會認真。但其實這種不安是「時數導向工作模式」的產物：認為打卡上下班就等於完成工作。

2003年，卡莉‧雷斯勒（Cali Ressler）和裘蒂‧辛普森（Jody Thompson）想出了一種不看時數、只看成果的工作策略，於是創造了「只問

結果的工作環境 ——Results-Only Work Environment，縮寫為ROWE」，也將ROWE註冊為商標。雷斯勒和辛普森表示，ROWE是一種「管理策略，以工作品質而非出勤紀錄，來判斷員工的工作績效。」[40]

網站開發公司 10up Inc 認為：公司要如何測量集中辦公的員工的生產力？是經過員工身邊的時候，他們看起來忙不忙嗎？還是員工是否早上9點打卡上班、下午5點打卡下班？能有效測量員工生產力的公司，絕對不會用實際工作地點發生的事情來評斷生產力。

事實上，管理得宜的分散工作團隊，生產力通常遠超過集中工作團隊，這是因為你不得不用比「待在辦公室的時間」更客觀的評量標準，來衡量遠距團隊的生產力[41]。

這並不是說時數導向的員工不擅紀錄工時；差別在於公司對這些員工的期待。「成果導向」的機構通常會把大型專案切分成細項，或是安排超短程工作目標，讓員工依照進度完成工作。使用這種工作模式就能及早發現、盡快解決長期專案可能會遇到的問題。

根據企業文化管理公司「文化智商」（CultureIQ）的網站，ROWE策略「是把工作的責任直接放在員工手上。員工擁有更多實權，就越能貢獻自身長才，完成大計畫，這進而提升了員工的工作熱忱以及在職場上追求卓越的意願。必須對自己的表現負責，就會更有動力把事情做得又快又好[42]。」

簡言之，給予員工他們需要的工作彈性是好事。下方列表為現今工作者喜歡的工作彈性。下一章中，我們會引用一些數據繼續討論遠距工作除了能替員工帶來方便，最終如何使雇主也受益。

工作者喜歡遠距模式的宏觀原因

以下數據來自2017年FlexJobs超級調查（FlexJobs Super Survey），以百分比方式顯示，5千5百名調查對象在考慮一份工作時，有多少比例的人認為哪些項目是「最重要的考慮因素」。

- 工作生活平衡（72%）
- 彈性工時與薪資（平手）（69%）
- 通訊工作模式（60%）
- 有意義的工作內容（57%）
- 工作時間安排（48%）
- 工作地點（45%）
- 公司聲譽（40%）
- 健康保險（37%）
- 專業上的挑戰（36%）
- 公司文化（34%）
- 職涯發展（30%）
- 退休金福利與休假（平手）（29%）
- 技術訓練與教育機會（28%）
- 出差的頻繁程度（25%）#框止#

　　前述調查中還發現，在評估工作彈性對生活品質的影響時，45%的人認為工作彈性可以大幅改善生活品質。更明確地說，78%的人相信工作彈性可以提升健康狀態；86%的人認為可以減輕壓力[43]。

　　再回頭看本章開頭的討論：遠距工作要成功，其中一個關鍵就是把時數導向的朝九晚五工作心態，調整成成果導向的工作心態。現在的工作型態已經逐漸不再是「去上班」，而是「做事情」——重點在於如期完成任務。

遠距工作小提醒

· · ·

- 科技進步使遠距工作變得比過去更容易、成本更低。
- 全球各地的遠距工作者背景相當多元：有年輕人、年長者、在職父母，也有企業家、學生和退休人士。有的人是全職通訊員工，有的則是自僱自由業者、一人公司，或是接案的企業主。
- 工作者想要通訊工作的主要原因包括：工作時間安排、通勤、家庭因素／照顧家人、喜歡的工作環境、生產力增加、機會增加，甚至是想「試用」某個工作或是職位。其他也有些人是希望增加收入，有想要繼續工作的退休人士、軍人配偶或是殘障人士。
- 很多人尋找遠距工作只是希望一週有幾天可以不用通勤。
- 要擁抱遠距工作，就需要把時數導向的工作心態轉為成果導向（ROWE）的工作心態。

歐洲彈性工作法則

第 2 章

● ● ●

遠距工作替雇主帶來的好處

> 遠距工作團隊上手之後,我們的工作狀態就變得很棒。我認為,遠距工作團隊或分散工作團隊現在的表現,已經可以和集中工作團隊並駕齊驅。
>
> SpreadScrum.com 分散敏捷團隊教練路西斯・巴比柯維茲(Lucius Bobikiewicz)[1]

在上一章中談到,未受到雇主直接監督的員工,絕對有能力完成雇主的目標。本章我們會針對這個概念進行延伸,討論彈性工作模式會為雇主帶來的好處。我們也會點出遠距工作可能遇到的困境以及避免的方法。最後,有越來越多相關資料顯示,遠距工作在各行各業中,幾乎都是利遠大於弊。

為什麼雇主應該提供彈性工作選項

遠距工作勢不可擋:越來越多公司開始提供現有員工彈性工作的機會,或是開始雇用遠距員工。舉例來說,根據歐洲生活品質暨勞動條件增進基金會(Eurofund)與國際勞動組織(International Labour Office, ILO)2017年的聯合報告,在1995年,全球只有9%的工作者採通訊工作模式,到了2015年,通訊工作者的比例成長至37%[2]。在美國,根據蓋洛普民調,39%的員工至少有部分工時不在辦公室內工作,而在2016年,部分工時不在辦公室內的

員工比例是43%³。

彈性工作時間的法律權益

女性政策研究院（Institute for Women's Policy Research）調查了20個「高收入」國家的彈性工時相關法律，其中包括澳洲、比利時、加拿大、丹麥、芬蘭、法國、德國、義大利、荷蘭、紐西蘭、挪威、葡萄牙、西班牙、瑞典、英國以及美國。其調查報告：〈以跨國觀點來探討彈性工作相關法規〉（Statutory Routes to Workplace Flexibility in Cross-National Perspective）發表於2017年。報告中提到以下發現：17個國家「有相關法規保障父母調整工時的權益；6個國家針對有家庭照護需求的成年人提供協助；12個國家為了促進終生學習，允許工作者調整工時；11個國家提供逐步退休措施；5個國家制定法規，保障所有工作者彈性安排工作的權益，不論個人想要彈性工作的原因為何[4]。」

這種趨勢是遠距工作強而有力的背書，未能提供遠距機會的公司可能會失去長期競爭力，尤其是現在，遠距工作受歡迎的原因一直不斷地在增加。有些人甚至表示「遠距工作是未來的工作模式，抗拒遠距工作的人會是歷史的輸家[5]。」

本書作者訪問的許多公司，都分享了以下採取彈性工作模式的理由：維持競爭力、留住並吸引人才、視需要隨時擴編或縮編、降低成本、增加營收等。

維持競爭力 ── 留住並吸引人才

有些公司組成分散工作團隊是為了讓工作更有彈性。也有些公司組成分散工作團隊是因為，有些人在公司所在城市要花兩小時才能抵達辦公室。
── 活力文字（Zingword）翻譯工作媒合平台共同創辦人暨執行長／虛擬團隊管理（Managing Virtual Teams）共同創辦人暨顧問羅伯特‧羅吉（Robert Rogge）[6]

我們再回頭來看前一章提到的 2017 FlexJobs 超級調查（見下方列表）。對許多員工來說，遠距工作不只是附加好處，而是必備條件。因此，唯有提供遠距工作機會的雇主才能留住這些人才。

彈性工作替雇主帶來的好處

2017年FlexJobs超級調查的5千5百名受訪者中，有62％的受訪者因為工作缺乏彈性而已經離職或是考慮離職（細分這62％的人，其中32％已經離職，16％騎驢找馬，14％考慮離職）。從另一個角度來看，若雇主願意提供彈性工作機會，這些受訪者將可以替雇主帶來以下好處：

留住員工：79％的受訪者表示，如果有彈性工作的機會，就會對雇主更加忠誠。

職場人際關係：73％的受訪者認為遠距工作可以增進職場人際關係。

降低成本：29％的受訪者表示願意減薪10％或20％；22％表示願意犧牲假期；19％表示願意放棄雇主提播退休金。

教育與經驗：彈性工作模式會吸引教育程度高、經驗豐富的工

作者 ——79%的受訪者至少有學士學位，31%為資深主管或更高層的員工。

人才招募策略：97%的受訪者希望可以長期彈性工作。提供彈性工作條件可以吸引背景多元、教育程度高，又有足夠相關經驗的專業人士[7]。

美國進步中心（Center for American Progress）、《富比世》（Forbes）、《哈芬登郵報》（The Huffington Post）、美國人力資源管理協會（Society for Human Resource Management）等許多資料來源皆顯示，公司留住既有員工的花費，比招募並訓練新員工少很多[9]，所以提供遠距工作機會是明智之舉。

談到吸引人才，有時公司恰好就是沒辦法在公司附近召募到適合公司職缺的好人才。舉美國印第安納波利斯市的數據管理解決方案公司 Formstack 為例，2013間該公司的客戶持續成長，卻苦於公司附近沒有適合的人才，於是他們把整間公司轉型為「不強制進辦公室」（office optional）的工作型態，藉此延攬外地新血。從那時起，這個策略就一直很管用。到了2018年初，Formstack 員工數約有80人，其中只有25人住在印第安納波利斯附近。

在荷蘭的萊恩・范・魯斯麥倫也有相同經驗。他合作的公司需要提升產能，但是荷蘭當地的軟體開發師供不應求。於是他開始往境外求才 —— 最後雇用了位在羅馬尼亞和美國的工作團隊。

這種情形，全球連線（Bridge Global）與艾基帕團隊（Ekipa）創辦人胡果・梅塞爾（Hugo Messer）也不陌生。他說，歐洲有些地區人才短缺，很難找到有合適技能的人，所以「我們協助歐洲公司發掘印度和烏克蘭的人才，讓那些位在歐洲的公司可以用較低的成本增加人力，藉此成長並獲得更大的利益。同時，他們也可以在其他國家創造工作機會」[9]。

從另一個角度切入，大都會區的生活開銷非常高。自由專案主管費南多・加利多・瓦茲（Fernando Garrido Vaz）也有同感：「要在某些地區組成優秀的工作團隊可能會相當困難，並且很貴，要不就是人力成本很高，要不就

是該地理區域競爭激烈。許多公司選擇遠距工作模式，是因為唯有如此才能組成優秀的團隊[10]。」

奈米科技連結（NanoTec-Nexus）就是這類型的組織，他們需要與奈米科技專家合作，才能在該領域快速精進。不意外，奈米科技專家不會只集中在某一個城市。奈米科技連結創辦人雅德莉安娜·維拉（Adriana Vela）提供遠距工作機會，因此得以組成專業又有效率的團隊 —— 團隊成員所在地橫跨美加。對維拉來說，「優秀人才是首要條件，人才所在地並不要緊[11]。」

哈桑·奧斯曼（Hassan Osman）針對這點又有更深入的洞見：

> 虛擬團隊其中一個好處是人才選擇較多。大企業競爭非常激烈，要超前部署才能生存。在思科（Cisco），我們從世界各地延攬人才，只要具備網路連線即可。這是很大的競爭優勢。能夠找到合適的人才，讓我們更加靈活，得以保持科技龍頭的地位。
>
> —— 思科系統專案管理經理哈桑·奧斯曼[12]

不過我們還可以從另外一個角度來探討。越來越多工作者開始重視遠距工作的彈性 —— 這些人比較喜歡提供遠距機會的雇主。有時候，提供遠距機會純粹是為了遠距帶來得好處。舉例來說，彼得·威爾森（Peter Wilson）的公司替澳洲企業媒合菲律賓人才。在菲律賓，大塞車是日常，所以在家工作的機會對菲律賓人來說是很強的誘因，若能在家工作，菲律賓人就會對公司展現超高忠誠度。但也有時候，提供遠距機會主要是為了避免損失人才。英國彈性工時工作指數（Timewise Flexible Jobs Index）的作者指出：「雇主若未能在人才招募廣告中表示提供彈性工作機會，等於是隔絕了很大一塊人才市場。這些『消失』的人力中，包含絕頂優秀的可用之才[13]。」

未來的公司會需要更有彈性。「能在我們公司上班你該感恩」這種態度已經過時了。公司要滿足員工的需要，才能從員工身上獲得最好的工作表現。

—— 帕拿根大（panagenda）數據分析公司數據分析顧問

路易·蘇亞雷斯（Luis Suarez）[14]

遠距工作一開始只是要藉著降低成本來提升生產力和效率。但是現在遠距工作已經成了經營公司的必要條件。千禧世代已經進入勞動市場，這些人對工作地點和工作時間有不同的看法 —— 他們不想在固定地點工作，也不想按照工作時數領薪水。

—— 聰明工作（Wisework Ltd）負責人／查特豪斯顧問集團
（Charterhouse Consultants group）負責人
克里斯·李吉威爾（Chris Ridgewell）[15]

金融業高層傑瑞米·史坦頓的形容最一針見血：「接受遠距模式的公司會完勝不能接受遠距模式的公司[16]。」

公司的擴編與縮編

不需要全職員工的公司可以視需要聘用遠距員工，如此一來，工作量不大時，公司就不需要支付薪水，也不用繳辦公室租金。

—— 輕裝上陣（GoLightly）／史固伯（Sgrouples）／敏捷位元（AgileBits Inc）客戶支援專員蘿拉·魯克[17]

再從人力資源的角度來看，聘用遠距員工（尤其是按件雇員）讓公司更有彈性依據當下的需要來拓展業務、發包案件。舉個例子，馬克·休斯（Marc Hughes）和艾傑·瑞狄（Ajay Reddy）共同創立了一個團隊的組織、管理、協作平台名叫ScrumDo（見書末相關資訊列表當中的「科技與工具」）。休斯和瑞狄會依據手邊的專案，視需要決定公司現在應該擴編或是縮編。

而Teamed.io創辦人暨前技術長伊果·布加楊科也採用同樣的策略。他說：「我們會替每一個專案組成分散團隊。有軟體開發需求時，我們就會延攬世界各地通曉特定科技的人才，組成虛擬團隊。軟體設計完成、交給客戶

後，團隊就可以解散。接著我們會再開啟下一項專案[18]。」

降低成本，增加利益

考慮要不要採用遠距模式時，一項很重要的因素是潛在的投資報酬率。確實，我訪談的公司全數表示提供遠距工作機會最關鍵的原因是節省成本。讓員工遠距工作可以在很多方面節省開銷。

前面也提過，比起雇用新人，留住優秀員工通常能省下大筆開銷[19]。其次，我的受訪者也很常提到固定開銷 —— 也就是因為必須有實際工作場域而產生的花費。當然，如果遠距員工不多，幾張空桌影響其實不大。但如果把規模放大，就可以省下一筆可觀的辦公室花費（見下方列表）。

此外，聘用海外員工的花費可能遠比聘用當地人才的花費低。舊金山程式設計師的薪資，與河內或聖地牙哥的程式設計師差距懸殊。金融服務業高層傑瑞米・史坦頓也指出：「提供遠距工作機會，就可以用較低的薪資找到優秀的人才，這些人才也不會覺得自己被砍價。遠距員工可享受對他們所在地來說較高的薪資，以及不用搬家的附加好處[20]。」自由顧問／敏捷教練馬力歐・盧瑟羅（Mario Lucero）補充說明：「許多美國公司比較喜歡和南美的軟體開發者與測試員合作，因為我們比較便宜。我在智利的薪資是美國敏捷教練的30％左右。對公司來說，這可以節省很大的支出[21]。」

然而，雖然有些雇主確實因為提供遠距機會而節省了成本，卻認為節省成本不是最重要的因素。美國運通（American Express）全球服務副總裁維克多・英格斯（Victor Ingalls）就表示：「有些公司把遠距工作員工視作節省經營成本的方法。我們則把遠距工作想成一種投資，藉此找到最頂尖的人才，這樣就可以提供客戶最優質的服務[22]。」

另一方面，有些人反對彈性工作模式，是因為遠距工作會衍伸出一些開銷。後面的章節會談到，在遠距這條路上有所成就的公司，都很願意花錢投資品質優良的設備。另外因為遠距工作偶有實際見面的需要，又會衍伸出差旅費。此外，有些人認為團隊成員間的距離會降低生產力 —— 雖說絕大多數人表示遠距工作通常可以提升生產力。（遠距工作的衍伸支出，也請見下方列

表）。

　　各種衍伸支出會聚沙成塔，所以很多人認為遠距模式是個討厭的額外負擔——即便最後這些人還是採取遠距工作模式。管理顧問公司負責人克里斯・李吉威爾指出：「在英國，許多傳統組織的主管認為彈性工作是一筆開銷。我們採納彈性工作模式是為了滿足員工的需求，但遠距對我們來說其實是負擔[23]。」然而，只要理解「除了吸引並留住員工，彈性工作模式還會帶來其他的經濟利益」這個道理後，這種觀念是可以被改變的。訪問的許多公司負責人也都提到遠距工作的一些額外好處，好比提早達成目標以及生產力提升。客戶滿意度提升也是另一個優點，與客戶位在相同時區的員工，或是可以配合客戶時區工作的員工，可以替客戶帶來很大的好處。新創公司科技專家提習亞諾・貝魯奇（Tiziano Perrucci）提到：「我常挑燈夜戰，透過網路和其他時區的客戶共事。半夜工作對我來說不是負擔，因為我在家裡的辦公室工作[24]。」

正面與負面的考量：遠距工作的支出與節省的成本

　　採用彈性工作模式的公司，可能產生的支出以及可能節省的成本如下，不過每個公司的情況會略有不同。

可能產生的支出

- 高規格科技：辦公室內的硬體、團隊使用的軟體、支援通訊工作的設備升級（也要考慮無法實際測量的節流，列於下方）。
- 實體會議的差旅費。
- 設置居家辦公室或是租用共同工作空間的開銷。
- 遠距技術支援。
- 問題無法及時得到解答，或無法及時取得資訊。
- 生產力可能會降低；很遺憾，這點通常很難測量。[25]

・有些人提到，遠距工作較難評估團隊成員或團隊整體是否在工作上遇到困難。

可能節省的成本
・留住優秀員工：節省了換人的成本。
・固定開銷：辦公室內的科技、辦公桌、坪數、設備。
・根據全球工作場所分析，一名全職通訊工作者一年平均可省下一萬美元的「不動產開銷[26]」。（另見下方的不動產說明）
・薪資：聘用住在生活費較低的地區的頂尖人才。
・可視公司需要擴編或縮編。

無法測量的節省
・根據全球工作場所分析，通訊工作設施升級可以提升所有員工（包含辦公室員工和遠距員工）的工作效率[27]。
・雇用頂尖人才可以增加公司的競爭力以及生存能力。
・遠距工作有很多提升生產力的因素。許多人把過去的通勤時間用來工作。健康快樂的員工忠誠度高、工作更積極、更有效率。遠距員工不能靠辦公室工作時數來證明自己，需要看到實際成果，所以更能拿出具體的工作表現。
・許多受訪者提到客戶滿意度有所提升，主要是因為客戶可以從位在相同時區的員工取得額外的協助，而與客戶位在相同時區的員工，工作表現也更積極。

關於不動產這件事
克里斯・李吉威爾專門替各大企業整合不動產，或將資產再利用。他說：「有個客戶原本有68棟建築，但在開始提供遠距機會後，縮減到只剩下3個園區。這種經營決策顯然是想要藉由處理不動產來節省成本。」

他繼續說道：「如果不想賣掉傳承已久的商辦大樓，也可以考

慮更有效地使用你的不動產。舉例來說，我們把一個15世紀的石穀倉變成了共同工作空間。還有個客戶把郊區的50座廢棄校舍，轉變成辦公中心以及地方新創企業中心[28]。」

如果你已經準備好要開始遠距工作，可以跳到第3部 ——「成功的遠距團隊入門課程：公司轉型與人才招募」。假如你想先了解遠距工作的現狀，請繼續往下閱讀。

遠距工作的常見問題以及解決方式

生產力這件事該怎麼看

不可否認，採行遠距模式之後公司要承擔一定的風險。如果遠距工作出狀況，管理階層就要負責，於是不少人希望維持現狀，打安全牌。舉例來說，朱蒂・里斯回想起以前在「電傳文訊」（Teletext）當主管的日子。「我答應讓某位員工一週在家工作一天。我還記得自己當時陷入了一個思緒，心想：『這很冒險。如果出問題，我得負責，如果拒絕就不會有事。」許多主管考慮的是「避免損失」，而非「如何成功[29]」。

也有不少人持相同看法：

身為主管，你會希望花下去的錢可以換來同等回報，員工也會按照你的期望好好工作。
—— 自雇資深企業顧問馬可斯・羅森索（Marcus Rosenthal）[30]

關鍵仍在於信任。如果沒讓我看到你坐在辦公桌前，就等於你沒在工作。
——「聰明工作」」（Wisework Ltd）負責人／查特豪斯顧問集團

（Charterhouse Consultants group）負責人 持有人克里斯・李吉威爾 [31]

　　有些人會使用監控軟體來解決員工無人監督的問題。我確實有一個受訪者建議企業採取這種方式，但是不贊成的人居多。詳情如下。

關於監控軟體這件事

　　前面提過，彼得・威爾森專營澳洲企業與菲律賓人才之間的境外媒合。他表示：「對某些公司來說，和辦公室外的人合作是一大突破。若能使用螢幕／鍵盤監控軟體，則可以替公司減輕焦慮 [32]。」

　　其他人則持不同看法。首先從實務角度來看，《舊金山紀事報》曾指出：「這些監控工具越流行……就需要針對規章、隱私、員工及雇主利益進行更多的溝通 [33]。」我們也可以從個人的角度來看。軟體工程師皮耶羅・托分寧指出：「有些工具可以安裝在電腦裡面，有人監看你的打字模式或是電腦螢幕，確認你在認真工作，我覺得很可怕。這很不健康。健康的關係建立在相互信任之上，雇主相信你會好好工作，你相信雇主會支付薪水 [34]。」

　　企業家巴特・范・隆（Bart Van Loon）也同意這個觀點：「你必須在一開始就建立起一定程度的互信，而這個預設的信任值可能會隨著時間增加或降低。公司常犯的錯誤就是控制欲太強。舉例來說，我們遇過一些客戶在團隊工作的地點設置了監視攝影機，或時常錄下螢幕，看員工都在做些什麼。我們不鼓勵這種做法，因為就長期的角度來看，這些科技會帶來負面影響。過度監控下的員工可能會過度依賴。不應該把監控員工想成待解決的問題，而是應避免的問題 [35]。」

話說回來，主管要怎麼知道員工確實有在工作？一個方法是把時數導向的工作態度（好比在辦公室待上固定時數）轉變為成果導向的工作態度。

　　管理階層擔心員工在家工作效率不佳，怕員工偷懶或看電視。這種恐懼只會出現在員工實際開始在家工作之前。事實上，員工一旦開始在家工作，就會自己拿出效率，讓管理階層看到員工能如實完成工作。所以恐懼其實只是來自於未知。

　　——FlexJobs職涯發展專家／資深職涯規劃專員布里・雷諾茲[36]

　　有了成果導向的工作心態，「工作」就變成是「交付的成果」。如此一來，成果導向心態的主管的責任，就變成讓團隊成員替工作表現負責。員工會明白這點；他們會知道自己必須展現生產力。若能脫離命令／控制式的工作環境，員工會很樂意擔起責任，努力達成共同目標。「敏捷規模」（Agility Scales）執行長尤爾根・阿佩羅常說：「管理太重要了，所以不能只讓管理階層負管理責。」

　　換句話說，每個人都有責任確保團隊／專案順利運作，不論你身在何方。

　　此外，記得生產力來自於參與程度。根據韋萊韜悅（Towers Watson）的一項全球性研究，「影響參與程度最重要的因素是，員工是否能感覺到主管真心關心他們。」2012年，「不到40％的員工覺得能在工作上獲得參與感。」更近期的分析可參考2017年蓋洛普的「全球職場環境調查報告」（State of the Global Workplace），該報告指出，「在世界各地，單一雇主、工作參與度高（與自己的工作／職場關係密切、充滿熱忱）的成年工作者僅佔15％[37]。」享有遠距工作機會，被信任可以遠距的員工，就會產生各種動機來提升參與程度、工作更加投入，並展現超高的生產力。

　　接下來的章節會談到更多提升生產力的方法。

如何提升協作效率

　　再過不久就不會再有人討論虛擬團隊了，團隊就是團隊。

　　不可否認，實際面對面協作可以很有效率。但這並不表示我們沒辦法把這種效率複製到遠距工作模式。沒錯，虛擬工作環境一直以來都需要各種科技和方法的輔助。軟體開發者馬克・休斯提到：「許多人比較喜歡集中作業，用牆上的大白板還有便利貼等工具來規劃工作項目。假如所有人都在場，這樣是很好。但是只要有一個人不能天天進辦公室，就會需要每個人都能看到、都能操作的虛擬工具 [39]。」好在現在有很多工具可以幫助團隊在虛擬環境進行有效的腦力激盪。（詳見書末相關資訊列表當中的「科技與工具」）

　　在 Medium.com 網站上有一篇文章指出，有很多集中工作已經在使用遠距友善的工作模式。「同事坐在同一間辦公室內，工作不一定同步，但卻很有效率。日理萬機、撥時間回訊息等 —— 無法同步作業，乃是上班日常。」文章繼續表示：「有些組織，尤其是大規模組織，並不明白他們其實已經在使用遠距工作模式了。舉凡外包案件給專業人士、不用實際見面的日常溝通方式 —— 大量的電子郵件、短訊，以及線上討論等。事實上，需要實際面對面的工作量已經少之又少 [40]。」

　　要記得，軟體開發者線上協作已經行之有年 —— 也就是說，我們可以善加利用他們發展完善的輔助軟體和作業模式。兩個程式設計師合作編寫程式碼（不論是集中作業或是遠距協作）稱為「結對程式設計」。一個設計師負責編碼，另一個設計師即時進行檢查。集中作業時，兩個設計師會坐在同一張工作桌；若是遠距協作，則透過影片和螢幕分享讓協作過程輕鬆、舒適、有效率 —— 有其他人想要加入對話時更是方便。應該不難想像，比起好幾個人擠在一台電腦前一起寫程式（稱為 mob programming），用視訊通話共享螢幕畫面更方便、更有效率。

　　關於團隊成員的溝通這個主題，產品經理克莉絲丁・吳（音譯）道出一個常見困擾：「遠距工作模式的溝通，困難之處在於記錄訊息的文化不夠成熟，直接走到隔壁桌與同事討論並當下做決定比較容易。對新創企業來說更是如此，因為一切都發生得很快，會需要當機立斷，盡快解決問題。要讓沒辦法現場參與每日決策的人也加入討論，會需要不同的公司文化 [41]。」好在這種

「不同的公司文化」不需要從零開始建立，只要在設計新的處理程序時多花點心思就好。第8章和第9章會針對這點有更深入的討論。

> 花點時間學習新的工作模式，習慣了就不彆扭了。
> —— 敏捷維度（Agile Dimensions）教練暨創辦人「敏捷比爾」·克伯斯
> （AgileBill Krebs）[42]

如何培養同事間的感情

產品經理蘇滿·科習克（Sumant Kowshik）提到了團隊領導人和團隊成員都會遇到的另一個困擾：「雖然在協作上我們已經有了很大的進展，我感覺我們還是有點想要實際聚在一起。遠距工作少了辦公室的閒聊，遇到小問題也無法馬上轉頭問隔壁的人。此外當然還少了跟同事一起外出、喝咖啡或吃午飯的機會，也沒辦法特地來場腦力激盪。這些都是遠距工作會失去的東西 —— 不過我也認為科技會繼續進步，幫助我們彌補這些缺失[43]。」不錯，同事間緊密的關係是高效團隊的基本要素。然而我們也可以靠一些科技和方法來強化團隊成員間的關係，在第8章還會詳加討論。

話雖如此，有些社交活動或協作工作仍須仰賴實際見面，新創階段的公司，或是要進行腦力激盪時，都需要更頻繁的來回討論。我們可以針對這些需要安排實體會議 —— 就跟一般公司一直以來的模式一樣。

> 倒帶至大約40年前，那時若要和部門高層進行腦力激盪，每個人都得搭飛機到某個地點 —— 這要花很多錢。大公司為期兩天的高峰會可以聚集眾人，但是只有48小時可以相處。
> ——「人性化科技」（Human Side of Tech）工作環境創新者凡妮莎·蕭
> （Vanessa Shaw）[44]

遠距工作模式有個附加價值，就是可以延續團隊成員的合作關係以及同事感情。越來越多公司開始接受遠距工作模式，成功的案例也不少，許多大企

業開始意識到分散團隊也可以跟傳統辦公室團隊一樣專業、一樣成功 —— 甚至做得更好。這是因為不論團隊成員各自身處何方,遠距工作的工具和策略都可以為他們帶來好處。(我們會在下一節「為什麼現在是嘗試遠距工作的好時機」,針對這點有更深入的探討)。

彈性工作模式的技術挑戰

　　隨著科技進步,提升遠距合作的效率已經不如以往困難。擠在訊號很差的傳統會議電話旁,對著隱形同事大吼大叫的日子已經過了。先進的通訊科技越來越便宜,也越來越容易取得。科技公司Parse.ly技術長安德魯‧蒙塔倫蒂(Andrew Montalenti)這麼說:

　　隨著時間,完全分散團隊的表現只會越來越好,這種模式也會越來越普遍。我們的遠距工具日趨成熟。舉例來說,Google Meet提供大規模團隊視訊會議的免費服務。在Parse.ly,我們使用 Google Meet來進行大團隊的會議。但彼此之間的面對面交流時間也分散了,而就算是非同步工作模式,多台電腦協作也變得比以前更加容易。我也感覺在分散團隊問世之前,一些被公認為不切實際的協作方式,也可以靠科技克服。也就是說科技(尤其是影音科技)可以在接下來的10年協助分散團隊合作。過去的團隊協作主要仰賴一對一通話,但是現在已邁入多對多通話的時代。我還認為目前的世界還未能完全理解科技系統對協作方式帶來的影響。我自己對前景是感到相當興奮[45]。

　　在書末相關資訊列表中的「科技與工具」當中「協作」與「通訊」部份,還會針對這點有更多討論。當然,這是科技對整體的影響。若是從個人、技術支援的角度來看,排程管理軟體公司Timely建議使用「致電技術人員」的服務[46]。

彈性工作模式的安全性問題

科技的快速發展帶來了一個挑戰，就是要跟上科技的腳步。為了提升生產力，不論是遠距或辦公室團隊的員工，都會想試著用新的應用程式來保持聯繫，而通常用的是公司電腦。但是對許多公司來說，採取遠距工作模式會需要調整安全性設置。管理顧問公司負責人克里斯·李吉威爾指出：「許多大規模機構使用內部科技，沒辦法讓員工『使用自己的設備』，因為這會產生安全性、資料保護的疑慮，還會衍生出法律問題。」但是問題來了，「因此，科技便拋棄了這些大公司，可以因應新科技的小公司卻快速成長[47]。」廣告技術供應商「阿米諾支付」（Amino Payments）傑瑞米·史坦頓也說：「接受遠距模式的公司會完勝不能接受遠距模式的公司[48]。」這句話的意思是：如果你不能吸引人才，人才就會被其他公司吸引。有時候，公司拒絕遠距工作模式只會讓自己陷入危機。

要解決這個問題，就要努力發展安全有效的網路科技來提升安全性。有些注重安全性的大企業也採取遠距工作模式，可參考 FlexJobs 的「2018提供遠距工作機會的百大公司」（100 Top Companies with Remote Jobs in 2018）列表（在第2部末尾的「更多資源」部份有這份名單）。其中包括安德普翰自動資料處理公司（ADP）、美國運通公司、摩根大通、哈特佛金融服務集團（the Hartford）以及富國銀行（Wells Fargo）等。重點是，大公司是辦得到的。

為什麼現在是嘗試遠距工作的好時機

六年前那些癡人說夢的事已經是現在的常態。在這個新興領域中，每一個人都在尋找自己的價值、定位，以及共同的語言。

——Playprelude.com 執行長浩爾·B·艾斯賓（Howard B. Esbin）[49]

留住現有員工

重要觀念要再說一次：提供彈性工作模式不只是為了吸引新人才。人資顧問德克—楊·帕特摩斯（Dirk-Jan Padmos）指出，遠距工作已逐漸成為公司祭出的員工福利。公司開始意識到留住優秀員工的重要性。就算你還沒準備好招募新的遠距員工，也應該努力留住現有人才。這種新的工作模式已經逐漸成為常態，會有更多工作者開始要求工作與生活的自主權。

遠距優先：緊急備案

不論你的公司是否打算完全接受彈性工作模式，最好還是要有彈性工作作業程序，若有突發狀況才能在辦公室以外的地點工作。想想各種可能使員工無法出現在辦公室的不可抗因素：塞車、大眾交通運輸誤點、孩子生病、氣候惡劣等。只要做一點點事前準備，員工就不會因為突發狀況而無法工作。這個概念叫做「遠距優先」。

需要待在家的情況有很多，好比水管工要在早上9點到下午3點之間來修繕。我的員工都有在家工作的能力。這對員工的好處是，他們不用為了修水管請假。而這對我的好處是，員工不會在專案截止日逼近時，工作做到一半還得請假一天。

——Vrijhed.net 負責人馬騰·庫伯曼（Maarten Koopmans）[50]

那麼，究竟需要做哪些準備呢？簡單來說：資源。要遠距工作，員工應具備的基本資源如下：

- 穩定的科技，好比電話、電腦，以及寬頻網路連線。
- 重要聯絡人的通訊方式。
- 手邊工作的相關資料。

再強調一次，以上只是最基本的條件。一間公司要有能力應付突發狀況，會需要更充足的事前準備。詳細的內容可見第5章：轉型遠距。

遠距工作工具與策略有益無害

一間公司不一定要有遠距員工，但若有完備的通訊技術，方便與遠距團隊成員共事，公司表現就會更好。幫助遠距團隊順利工作的所有工具，本來就都是公司會需要的工具。

——阿米諾支付（Amino Payments）工程部資深副總傑瑞米‧史坦頓[51]

遠距工作成功的條件，其實就是提升公司效率的條件：
‧方便快速的通訊設備。
‧共享、特定的資料存放空間。
‧溝通、協作工具。
‧一致的目標。
‧為共同目標努力的心。

許多受訪者特別強調：在嘗試遠距模式之前，最好先確保公司已經具備上述條件。

從另一面來看，遠距工作成功需具備的條件，對不願意或還不想遠距的公司也是種提醒。人資顧問德克—楊‧帕特摩斯（Dirk-Jan Padmos）談到：「在辦公室一起工作會迫使人與人之間建立一定的關係。同事之間不得不互動，這能使事情變得相對有條理。而本來就沒有良好溝通模式的團隊中，假如又加入了遠距工作者，問題就會越滾越大[52]。」良好的溝通習慣非常重要，我們還會在接下來的章節中詳細討論。

敏捷教練萊恩‧范‧魯斯麥倫又做了更深入的探討：「遠距工作會使一個組織的結構問題浮出檯面。若是缺乏遠見、溝通、團隊精神等，遠距工作就會是個大問題。你可以把這些問題怪罪給分散工作，但是這些缺失通常源自於更深的問題[53]。」

這並不是要你在考慮遠距工作模式時，糾結於「更深」一層的問題，而是要告訴你，了解越透徹，就能處理得越好。當然，有些組織或是組織內某些特定角色，確實還沒準備好迎接線上工作的世界。但是除非你的現況確實無法遠距，只要公司／部門／團隊願意檢視自己目前的遠距條件，就能改善辦公室

內的工作狀態，即便他們根本沒有遠距工作者。這就跟遠距優先公司有能力可以應付突發狀況一樣的道理。

最後，遠距工作資源網Remote.co訪問了135間「遠距友善」公司，其中包括給考慮遠距的團隊的建議[54]。不少公司這樣回答：「放手去做吧！」讀到這裡，簡而言之，去試試無妨。也許遠距工作真的不適合你，但是替遠距工作模式做的準備可以替你帶來機會，讓你在未來能經營得更出色。假如嘗試後成功了（幾乎所有受訪者都認為只要公司夠努力、可以做出明智的決定，遠距工作就一定能成功），恭喜，你已經成功拓展版圖，做到你以前認為不可能的事了。

> 遠距員工帶來的好處遠大於你付出的成本以及遇到的障礙。公司若能克服、駕馭不同的文化、語言，就可以觸及更多元的客戶。接受挑戰，化挑戰為公司的力量。
> ── 在遠處工作（Work Afar），戴文・巴格旺丁（Deven Bhagwandin）[55]

總而言之，如果你過去未曾考慮遠距協作，你會對遠距工作可以帶來的好處感到驚訝。我們已經遠距了很長一段時間，工作模式也一直不斷在進步。

彈性工作小提醒

• • •

提供遠距工作機會的理由

- 提供遠距工作模式可以留住並吸引人才，維持公司競爭力；若有專案需要特殊專業人才時，這點就變得非常關鍵。
- 留住優秀員工的成本比換新員工低。
- 視專案需求聘請遠距工作者，公司就可以視需要擴編或縮編。
- 許多公司發現遠距員工可以降低成本、增加收入。
- 來自世界各地的人才可以組成背景更多元的工作團隊，不同的世界觀可以帶來新鮮的想法、更棒的創意，以及更好的解決方案。

遠距工作的常見問題以及解決方式

- 遠距生產力的問題有很多解決方式 —— 首先是把時數導向的工作心態轉為成果導向的工作心態。許多研究顯示，遠距工作者通常比在辦公室工作的同事更有生產力，一個原因是他們可以把通勤的時間拿來工作。
- 有很多實用工具和工作方法可以用來提高分散團隊的協作效率以及聯絡同事感情。
- 有不少注重安全性的大企業採納遠距工作模式，這也證明了遠距工作的可行性以及好處。讓專業人員來設置線上科技，安全又有效。

- **為什麼現在是嘗試遠距工作的好時機**
- 重要觀念要再說一次：提供遠距工作機會是留住現有人才的

最好方法。

- 至少要打造「遠距優先」辦公室，這樣不管是遇到交通問題、天氣問題或是發生市區緊急事故，工作也不會受到影響 —— 就算因為家人生病或是要等待難以捉摸的水管工而需要待在家裡，也可以好好工作。
- 成功遠距需具備的工具和策略對所有地點的工作團隊都有助益。

更多資源

● ● ●

彈性工作模式最常見的問題

● ● ●

　　遠距工作之所以令人恐懼，部分原因是「未知」──主管不知道遠距員工是否在工作，團隊成員不知道簡短的電子郵件是代表厭煩、匆忙，還是以上皆非。這就造成許多人不確定「不在現場工作」的模式是否能有效運作。以下是一系列相關問題的解答，其中包含團隊成員的疑慮（職涯發展、收入以及社交孤立等），也有團隊領導者的疑慮（生產力、信任以及技術障礙）。確實，不是所有情況都能找到合適的解決方法，但是基本上會建議「不要採取遠距」的情況還是少之又少。絕大多數的經驗中，只要有適合的技術、工具以及心態組合，就可以有效進行遠距工作。

個人／團隊成員會關切的問題

性向

我怎麼知道自己適合遠距工作？
- 遠距工作要順利，態度和性向同等重要。優秀的團隊成員不僅能有效率地完成工作，還要能有效率地與同事合作。這會需要經常努力建立良好的人際關係以及信任感，責任感尤其重要。關於這點，可以在第3章及第4章找到你需要的所有相關知識。

在辦公室外工作是否很難拿出生產力？
- 確實有些人在辦公室工作效率最高。但對其他人而言，關鍵單純就在試著使用不同的方式來決定適合自己的工作模式。舉例來說，想想「人資大王」摩根・雷格（Morgan Legge）說的這段話：「我覺得自己剛開始遠距工作的時候，效率絕對沒有現在好。那是因為我不知道該如何遠距工作。遠距了一陣子之後，我的生產力變得非常高，但那是

因為我花太多時間工作了。遠距工作的第二個階段是了解如何把我的職場文化放到我的職位和任務裡。現在，我會利用白天的時間辦事，這個時間商店人很少（大優勢！），也會在白天抽空運動。於是我的生產力就更好了，工作時數也變少了[1]。」

職涯發展

我目前在辦公室工作，很希望一週可以有幾天的時間在家辦公 ── 但是我不敢提出要求。我怕主管會認為我沒有團隊精神，因此失去升遷機會。

- 事實上，單純希望一週可以有幾天在家辦公，是員工要求遠距最常見的原因：FlexJobs在2017年做的一項調查發現，為人父母的工作者非常重視工作彈性（84％），甚至過於重視薪資（75％）[2]。你絕對不是少數想要遠距的人，世界各地的主管也漸漸開始理解留住員工、招募人才的需要。此外，留住優秀員工的成本要比招募新人才低。簡單來說，你的籌碼比你想像的多。可從第1章和第2章了解一下現今的職場大環境 ── 接著可以閱讀第2部，尤其是第2部末尾「更多資源」中的「說服雇主（或團隊）」。

我真的很想進入某個特定產業，但是卻無法負擔相關工作所在地的生活開銷，所以我想應徵遠距職位。但是這樣要怎麼和主管建立良好關係呢 ── 主管根本不認識我，要怎麼幫助我在職場上有更近一步的發展呢？

- 許多主管對他們的員工也有相同疑慮 ── 也會盡全力確保每個人都能建立良好關係、讓每個人的聲音都能被聽見（更多相關資訊請參考第10章的「與每個團隊成員建立良好的關係」）。
- 要與遠在他方的人建立關係，最快的方法就是盡可能見面 ── 也就是打開視訊鏡頭。要建立良好關係，最有效的方法是把你自己可以做的做好，這會需要合適的設備以及優秀的視訊技巧。請參考第3章的「備妥遠距設備並熟悉使用方式」。
- 根據全球工作場所分析，有些員工不願通訊工作是源自於對職涯發展

的擔憂。成功的通訊工作模式，可以用績效導向評量機制，讓「強調生產力，而非出席率」的心態來克服「看不見」帶來的恐懼。與辦公室同事和主管定期保持聯繫（透過電話、電子郵件、即時訊息，甚至是偶爾的實體會議）的通訊工作者並不覺得遠距工作會影響職涯發展[3]。」此外，所有專家都建議團隊成員要盡可能實際見面。面試時可以問問公司的團隊成員多久見面一次；最好不要一年只聚一次。

- 當然，如果你的主管不是那麼器重你，你也沒辦法多做些什麼 —— 但是集中作業也會遇到相同的問題。

關於彈性工作模式的財務問題

遠距工作不會使收入大幅減少嗎？

- 當然，這個問題的答案視產業而定。但是根據〈2017年美國自由業現況〉（Freelancing in America）調查，離開傳統工作投奔自由業的人當中，有將近3/4的人表示自己的收入和先前在辦公室工作時一樣（10％）或是更多（62％）—— 這表示自由工作模式可能比傳統工作更有利可圖。賺得比過去多的自由工作者中，75％的人在自由接案的頭一年就已經超過過去收入了[4]。

線上接案的人不會有完成工作卻收不到錢的風險嗎？

- 很遺憾，線上接案確實有可能碰到這個問題。相關研究中，數據最難看的是皮尤研究中心（Pew Research Center）在2016年做的調查。該調查結果發現29％的接案工作者曾接在完成線上案件後，沒有收到費用[5]。這個比例並不低，不過這個數字指的是3個工作者中有1人沒有收到正確款項，而不是「所有完成的工作中，有29％未收到款項」。值得注意的是，自由工作者的總產值很大：Upwork 接案平台在2018年初公佈了一項數據：受調查的自由業者年收總和已突破15億美元大關[6]。此外還有個好消息，就是你可以採取一些措施來保護自己。舉例來說，透過明文工作契約，讓雙方都清楚明白合約條款。

- 有些自由接案者會要求50％的頭款，工作完成之後再請50％的尾款。某些產業中（好比自由接案的編輯），有些人會在繳交一半的編輯稿件時，附上一半稿費的請款單，完成所有稿件之後再請餘款。各種不同的產業中，也有許多自由業者會一至兩週請一次款──這樣可以降低無償工作的風險。更多相關資訊請參考第3章的「仔細規劃財務狀態」，以及書末相關資訊列表的「延伸閱聽資料與諮詢服務」中，自由接案人公會的「自由接案者準時領款手冊」。

社交孤立

在家工作不會覺得寂寞難耐嗎？

- 當然，每個人感受不同，但是許多遠距工作者的社交生活其實意想不到地豐富，就連獨居的遠距工作者也是，他們的社交活動如線上視訊，根本不需要踏出家門。
- 話雖如此，社交孤立確實是個問題。Remoters.net在2017年的《遠距工作的七個趨勢》調查中，受訪者提到失去社交互動（29％）以及寂寞（15％）是線上工作最大的缺點。但另外有15％的人表示線上工作沒有缺點[7]。
- 遠距工作造成的寂寞是有解決辦法的：增加線上以及面對面的社交互動是個好方法。詳見第4章的相關段落，特別是提到社交需求的部分。

遠距工作要怎麼增進同事間的感情呢？我無法想像該如何與不在同一個空間的人聯繫感情。

- 遠距工作的團隊建立可能會讓你大吃一驚。舉例來說，普利通（Polycom Inc.）一項全球性的研究當中，92％的受訪者表示視訊協作科技可以改善團隊合作。這可能是因為視訊多少可以把辦公室工作的人際互動感複製到線上[8]。此外，根據2015年的「連結解決方案遠距協作工作者調查」（ConnectSolutions Remote Collaborative Worker Survey），42％的遠距工作者感覺自己跟同事間的聯繫跟在公司上班

沒兩樣。另外還有10%的人感覺與同事之間的關係甚至更為緊密[9]。

- 第8章會詳談主管應該如何帶領遠距團隊邁向成功。可以特別閱讀「建立同事間的情誼」的段落。把你認為對自己的團隊有幫助的點記下來──把寫下的筆記與上司分享。

主管／團隊領導者會關切的問題

我的團隊有些人可以遠距工作，但也有些職位無法遠距工作。這樣想要遠距卻無法遠距的員工不會心生埋怨嗎？這可能會毀了同事間的感情並且影響生產力。

- 許多公司不實施彈性工作模式，正是擔心會有人埋怨。但是實在有太多工作者追求彈性工作條件，不提供遠距機會就會失去（或是永遠請不到）優秀人才。你可以舉辦匿名投票，特別詢問不能遠距的員工對可以遠距的同事是否會心生埋怨。不能遠距的人也許還是會贊成提供遠距機會，因望希望自己有一天也能享受這樣的福利。你也可以提供辦公室員工其他福利。
- 很多人建議制定彈性工作政策來規範所有適用遠距工作模式的職位，同時也要確保可以遠距的員工都有同等的遠距機會[10]。「全球工作場所分析」也建議清楚說明某些職位不能申請遠距的原因[11]。要讓「部分分散」團隊合作順利，會需要特別努力，所以你可以要求遠距團隊成員時時保持聯繫並拿出生產力[12]。這也是為什麼我們建議有遠距成員的團隊最好制定一份團隊協議，明列共事注意事項。更多相關資訊請參考第8章和第9章。

我該如何信任員工會老實工作？

- FlexJobs等許多機構的調查結果顯示，很多人想要遠距工作是為了想要提升生產力，也許是藉著選擇更有生產力的工作環境，或是節省通勤時間[13]。事實上遠距工作者更可能加倍努力付出，而不是表現不佳。
- 要解決這個問題會需要做出一些改變。其中一項是改變發派工作的方

式。給員工展現生產力的機會：把工作內容拆解成可以在短時間內完成的小單位，要員工在截止日前完成工作進度。這種做法符合ROWE原則 ──「只問結果的工作環境」（更多相關資訊請參考第1章的「工作彈性：成果導向與時數導向」）。

- 第二是心態上的改變。許多成功轉型遠距模式的主管，最後都很意外，原來學著信任員工可以帶來這麼多好處。第7章會更深入探討信任的問題。此外，在第4章中也會討論員工該如何取得主管的信任。

如果你的產業是時薪制，該如何實施成果導向工作模式呢？

- 時薪制的員工照樣紀錄工時；差別在於回報進度的頻率。
- 許多公司會定期召開進度會議，確保專案順利進行。更多相關資訊請參考第8章的「生產力與協作」，特別是站立會議與回顧會議的段落。
- 許多團隊成員會定期回報工作進度，證明自己確實在工作。更多相關資訊請參考第8章的「建立同事間的情誼」，特別是線上共事的段落。

遠距工作能提升生產力不是個謊言嗎？國際商業機器股份有限公司（IBM）、百思買（Best Buy）和雅虎（Yahoo）的遠距工作實驗都失敗了。

- 不可否認，有些職位，甚至是有些產業真的不適合遠距工作模式。針對這類型的公司，《美國利益》雜誌（The American Interest）在關於國際商業機器公司終止遠距工作模式的一篇文中提到：「雖然遠距工作逐漸變成常態，但國際商業機器公司及很多公司仍強調實際共事的重要性。」2013年，時任董事長的梅麗莎‧梅爾（Marissa Mayer）突然終止雅虎的遠距工作政策，登上新聞頭條。Reddit和百思買等公司也和雅虎一樣，陸續拋棄遠端彈性模式。這並非因為遠距工作沒有好處，舉例來說，從百思買2006年的報告中可見，轉型讓員工在自己喜歡的地點、喜歡的時間工作的部門，生產力平均提升了35％。但是實際見面集中作業則可以產生其他的優點，因此百思買、雅虎、國際商業機器公司等拋棄了彈性模式。[14]
- 網頁開發公司10up.com 表示：管理得宜的分散團隊通常比集中團隊

更有生產力，因為他們必須採用更客觀的標準來評量生產力，而不是使用『待在辦公室的時間』作為評量標準[15]。關鍵在於和員工達成協議，在遠距工作前就談好如何評量生產力。更多相關資訊請見第8章的「展現責任感：放聲工作」以及第9章。

- 2016年，人才中心（Hubstaff）遠距工作軟體公司發表了一篇名為〈遠距工作者是否更有生產力？我們替你爬梳了所有相關研究〉（Are Remote Workers More Productive? We've Checked All the Research So You Don't Have To）的文章。結論是：確實如此。更多相關資訊詳見第1章的「遠距工作的生產力」列表。

成本呢？採用遠距工作模式不會虧嗎？

- 許多相關研究指出，若藉著採用彈性工作模式來留住優秀的員工，花費比聘用新員工來得少[16]。失去優秀人才是件麻煩事：根據2015年的《PGi全球通訊工作調查》，世界各地的受訪通訊員工中，約有60%的人表示，假如有與現在工作性質類似、薪水相等，但可以完全在家工作的職缺，會願意轉職[17]。

- 此外，2016年「人才中心」（Hubstaff）的文章〈遠距工作者是否更有生產力？我們替你爬梳了所有相關研究〉特別提到遠距工作者可以替雇主降低成本[18]。

- 我訪問的所有公司都提到，決定投入遠距工作模式最關鍵的因素就是節省成本。

- 有些公司甚至表示節省成本其實還只是次要原因。舉例來說：美國運通在Remote.co的訪問中談到：「有些公司把遠距工作員工視作節省經營成本的方法。我們則把遠距工作想成一種投資，藉此找到最頂尖的人才，這樣就可以提供客戶最優質的服務[19]。」

- 更多相關資訊請見第2章。

聽說組織虛擬團隊難如登天 —— 意見領袖派屈克．蘭奇歐尼（Patrick Lencioni）一天到晚強調這點。我為什麼不聽他的話省得麻煩？

- 首先，這個論點出自蘭奇歐尼在 2017 年 5 月的《虛擬團隊比我想得還要可怕》（Virtual Teams Are Worse Than I Thought）一文。（我和皮拉兒‧歐蒂在她的二十一世紀工作生活模式 21st-Century Work Life 網路廣播 Podcast 第 126 集中也有討論[20]）。蘭奇歐尼在文中描述他在帶領一個虛擬團隊時遇到的困難，再以偏概全外推至所有虛擬團隊。其中一點是，他的團隊成員「非常謙虛……又很好相處」，「是他碰過最正直、善良、慷慨的人類」。他提到有次團隊在人際關係上出了點問題。他們認為「每個問題背後的原因都是缺乏每天固定的面對面互動」，所以刻意增加聯絡時間，如果再有誤會產生，也會假設對方是出於好意。文中提到蘭奇歐尼跟這個團隊合作了 3 年，但也可以從文中看出，他在遭遇一次失敗後就妄下斷論，認為所有人都應該盡可能「避免遠距工作團隊」。
- 很可惜，蘭奇歐尼決定用失敗者的心態來妄下斷論，而不是客觀評估該團隊在自己書中的理論扮演何等角色，他在《克服團隊領導的五大障礙》一書中，列出了不信任感、害怕衝突、不夠投入、逃避責任以及不重視成果等障礙。他在文中也確實提到虛擬團隊「卡關」時可以採取的幾個有效方法，但卻是用「你們就自己看著辦吧」的口氣下筆，這對我們一點幫助也沒有。蘭奇歐尼聲稱：「虛擬團隊雖然可行，但失敗是常態[21]。」這種說法完全站不住腳，何況並沒有大量的研究支持這個論點。真實的情況是，有好多團隊和公司做了很多努力想要讓遠距工作成功，這些努力也得到了豐碩的回報。如果你可以跟著本書的指引嘗試，第一次碰到挫折時不要氣餒，你的團隊也有可能成功。

個人與經理人在遠距工作的現實情況

辦公室的生產力

如果不能聚在一起，怎麼可能有效率？同事要在相同的工作空間才有辦

法完成工作。

- 確實，有些人在有效率的人旁邊工作時，自己的效率也會提升，但不是所有人都是如此。有些人感覺辦公室的氣氛很壓迫，自己選擇工作地點比較自在。舉例來說，2017年普利通一份全球性研究中，98％的受訪者同意「隨處工作」模式提升了自己的生產力 —— 就是因為他們可以選擇最有效率的辦公地點[22]。

- 許多居家辦公室比較安靜，令人分心的事物也比上班地點少。而《遠距工作：跟辦公室說再見》（暫譯，原書名Remote: Office Not Required）甚至表示「現代的辦公室成了充滿干擾的工廠」[23]。

- 工作者在為自己量身打造的工作環境中工作，表現通常比較好。

- 假如工作者的日常生活比較快樂（好比可以在一天中間找時間去跑步），工作表現也會比較好。

- 根據韋萊韜悅一項全球性的研究，「影響參與程度最重要的因素是，員工是否感覺自己的主管真心地關心他們[24]。」提供遠距工作模式是釋出善意，表示雇主在意員工的幸福。此外，願意提供遠距工作模式的雇主可以要求員工用實際的工作表現來回報這個善意。

- 以下節自賴瑞・奧頓（Larry Alton）在《富比士》發表的文章〈遠距工作者的生產力比辦公室工作者高嗎？〉（Are Remote Workers More Productive Than In-Office Workers?）：「重點是，在家工作可能可以提升工作者的生產力，但是沒辦百分之百保證。話雖如此，根據許多研究結果，我們可以放心地說，只要工作內容是可以在家做的，大部分的人在家工作生產力都會比較好，只是這樣的生產力還是取決於雇主制定的政策[25]。」

但是在辦公室隨時可以找到人問問題，遠距工作就不行了，不是嗎？

- 其實有很多方法可以解決這個問題 —— 只要你能善用科技。事實上，Sococo和走動辦公室（Walkabout Workplace）這兩個虛擬辦公室應用程式最大的特點就是，你可以走進某人的虛擬「辦公室」問問題。許多公司的員工在上班時使用Slack進行溝通，向一人或多人留言發

問，可以快速得到答案。Spotify有個團隊會在工作時全程開著Google Meet，麥克風預設靜音，有問題的人可以打開麥克風立刻發問。更多相關資訊請見書末相關資訊列表段落的「科技與工具」。

- 此外，有些公司在辦公室根本很難找到人。基因泰克（Genentech）的一項研究發現，早上9點到下午5點之間，有80％的時間員工都不在座位上[26]。遠距員工反而明白要隨時保持聯繫，所以一定會讓其他人知道怎麼聯絡自己。

- 集中工作時，同事人坐在在位子上，並不代表其他人願意去接觸他們。顧問費得列克‧威爾克（Fredrik Wiik）指出：「就連在同一個大樓的不同樓層，都是個阻礙。很多人不願意上樓問小問題。就算每個人都在同一個地址上班，遠距工作的工具也大有助益[27]。」對很多人來說，數位溝通早就成了更有效率的提問方法。

自制力的問題怎麼辦？小孩、電視還有家務不會讓工作分心嗎？

- 對某些在家工作的人來說這確實是問題，但是還是有很多處理方式。舉例來說，有的人在家中設置了工作專用辦公室，有門可以關，也嚴格規定家中其他人不可以在工作時間打擾。有些人乾脆就到外面去找適合的地方工作（更多相關資訊請見第3章）。

- 有些人自制力沒問題，只要繼續埋首工作即可。至於其他人，有幾種方法可以解決，請見第4章的「如何達到雇主的期望」。

- 另外還有一點：尚未遠距工作的人可能無法把「家」跟「工作」連結在一起 —— 這樣在家當然會受到工作以外的事物干擾。但是如果你已經在家工作，家和工作之間就有很強的連結 —— 有時甚至連結太強。我訪問的個人工作者大多告訴我打開工作模式不難，關掉才難。

一些關於實務操作的問題

現有的遠距科技是否弊大於利？

- 兩個字：不是。隨著網路科技的進步，與遠距同事合作越來越容易，

甚至很有趣，也可以很有效率。

- 視訊會議科技進步，很多人也都能取得視訊科技，人與人之間於是有了更緊密的連結。最新科技也讓前景看好。舉例來說，有了遠端臨場（telepresence）技術，不但可以見面，還可以探索其他地點；有了虛擬實境技術，我們就可以像在現實生活中一樣，在虛擬空間見面。第6章以及書末相關資訊列表的「科技與工具」中會針對這點有更多討論。

時區的問題怎麼辦？

- 時區確實是跨國團隊需要處理的一個問題。不過有些方法可以幫助你把時區問題從缺點變成優點。第9章會有更深入的討論。
- 時區造成的問題有很多解決方式。要把時間差異縮到最小，有些團隊選擇向南北找團隊成員，而不是往東西求才。其他團隊則共體時艱，輪流在非上班時間工作。
- 當然，並非所有工作都需要即時聯絡。而且某些情況中，時差大反而是好處，好比說，某地區下班前把工作交給另一個時區的後手，第二天的一大早就可以收到成果了。

難道不需要使用辦公室裡面的設備和資源來完成工作嗎？

- 如「擬人化科技公司」（Personify Inc）的尼克‧提門斯所述：「所有資料都在雲端。不管是在家還是在國外旅行，我的工作效率都和在辦公室工作一樣好[28]。」更精確地說，只要公司願意把相關資料和聯絡資訊放在受安全性保護的網路平台就沒有問題。

團隊沒有辦法定期見面，我該怎麼幫助成員聯絡感情呢？

- 定期使用視訊來聯絡公事可以大幅提升團隊成員間的感情。前面的回答中也提到，2015年的「連結解決方案遠距協作工作者調查」中，42%的遠距工作者感覺自己跟同事間的關係與在公司上班沒兩樣。另外還有10%的人感覺與同事之間關係甚至更為緊密[29]。
- 投入一點點的時間，使用視訊進行人際關係的互動 —— 哪怕只是會議

前後短短幾分鐘 —— 都對增進感情有非常大的幫助。很多團隊也會用視訊一起喝咖啡，或是下班後喝一杯、一起玩遊戲，甚至定期舉辦猜迷聚會。更多相關資訊請見第8章的「建立同事間的情誼」段落。

- 我們強烈建議遠距團隊成員定期實際見面。一季至少見一次就很好（更多更好），雖然有些團隊一年只能見一次。許多人表示實際見面可以大幅強化成員之間的關係。

資安問題怎麼處理？

- 當然一定要有相關措施來保護資訊安全：好在多數公司都可以輕鬆解決這個問題。

- 根據全球工作場所分析，美國國稅局一項遠距工作前導計畫中，92％的管理者表示沒有資安疑慮。此外，「大型組織中的資訊安全負責人，有90％不認為在家工作的員工對資安是個威脅。事實上，一般員工因為沒有接受遠距相關訓練、缺乏遠距工具與科技，當他們偶爾把工作帶出辦公室時，反而更值得擔心[30]。」因此，要解決這個問題，其中一個辦法就是讓所有員工接受合適的資安訓練。

如何把實體環境的好處，複製到線上

● ● ●

在本章中提到的許多工具品牌名稱，2019年之後可能會有更動，也會不斷推陳出新，記得時不時上網看最新資訊：https://collaborationsuperpowers.com/tools。

實體環境的優點：效率與資源

成功的工作團隊在同一個場所工作，效率可能會比較好，因為只要走個幾步路就可以向其他團隊成員發問或索取報告。

把效率與資源搬上網

一般原則
- 透過網路，進行頻繁的溝通（參見第8章提到有效的溝通將可以和當面溝通產生相同效果）。

具體的解決方式
- 善加利用好的設備和順暢的網路連線，就可以讓溝通變得簡單。
- 建立工具與禮節協定（尤其是針對如何快速回應）。

工具類型
- 電腦、網路、視訊、頭戴式耳機麥克風。

- 電子郵件、簡訊、即時通訊、群組聊天（Slack 等）。
- 視訊會議（可以使用 BlueJeans、Skype 或是 Zoom）。
- 虛擬辦公室（Sococo 或是走動辦公室 Walkabout Workplace）。

實體環境的優點：生產力與協作

　　成功的工作團隊在同一個場所工作可以提升生產力，因為團隊可以即時更新消息，共同做規劃，一起腦力激盪。

把生產力和協作能力搬到線上

一般原則
- 盡可能見面（透過網路）。
- 替無法參加線上會議的人錄下會議內容。
- 使用線上協作平台／專案管理軟體。

具體的解決方式
- 放聲工作法：讓同事看到你的工作內容。
- 固定（也許可以每天）開個「站立會議」：扼要報告各自的工作進度。
- 每週或每兩週舉辦「回顧會議」：提出回饋並找出問題。

工具類型
- 腦力激盪軟體（RealtimeBoard、Stormboard）。
- 線上協作平台／專案管理軟體（Asana、Jira、Trello）。
- 決策軟體（GroupMap、WE THINQ）。
- 群組聊天（Slack）。
- 站立會議／回顧會議軟體（Google Meet、Standup Bot、Standuply、Retrium）。
- 視訊會議軟體（BlueJeans、Skype、Zoom）。

・虛擬辦公室（Sococo 或是走動辦公室 Walkabout Workplace）。

實體環境的優點：信任

　　成功的工作團隊在同一個場所工作，可以對人產生信任，因為知道其他人會認真把份內工作做好。由責任感發展出來的信任感，可以強化整體團隊。

在線上建立信任感

一般原則
・放聲工作法。
・展現責任感與工作成果。

具體的解決方法
・把工作進度放到網路上，讓其他人知道你在做些什麼（I Done This、Jira、Salesforce Chatter、Slack）。
・更新自己的狀態，讓其他人知道怎麼聯繫你（IM, Slack, Sococo）。

工具類型
・線上協作平台／專案管理軟體（Asana、Jira、Trello）。
・虛擬辦公室（Sococo 或走動辦公室 Walkabout Workplace）。

實體環境的優點：建立情誼

　　成功的工作團隊在同一個場所工作，會建立人際互動上的優點，因為面對面互動可以強化社交聯繫，進而讓整體團隊更有向心力。

在線上建立情誼

一般原則

- 多多溝通，盡可能使用視訊。
- 盡可能安排實際見面。

具體的解決方法

- 安排社交時間。

工具類型

- 群組聊天（Slack）。
- 視訊會議（BlueJeans、Skype、Zoom）。

實體環境的優點：化解衝突

　　成功的工作團隊可以從面對面互動獲益，因為臉部表情和肢體語言可以傳達語氣和意圖。少了表情和動作的緩衝，人際關係就有可能出現問題，小不滿可能會演變成大衝突。

在線上解決衝突

一般原則

- 制定團隊協議，仔細列出每個人希望的共事方式。
- 多多溝通，盡可能使用視訊。
- 練習正向溝通技巧。
- 使用協作平台或軟體，方便知道誰正在做什麼 —— 藉此避免重複工作。
- 使用放聲工作法來避免溝通不良以及重複工作。
- 建立回饋機制（例如定期的回顧會議）。
- 準備好化解衝突的方法。

工具類型

· 很多工具都可使用，參照上面的篇章。在第8章也會有更深入的討論。

彈性工作小提醒

● ● ●

· 備妥高頻寬的網路。

· 花時間熟悉你的工具。

· 經常溝通。

· 建立協定和禮節原則，定期回頭調整。

· 要有提問專用討論區。

· 不斷嘗試新事物。

· 注意不要使用太多、太繁雜的工具（許多人建議在新員工上任時，因應情況重新調整遠距工具和禮節，更多相關資訊請見第9章）。

個人遠距工作者

● ● ●

> 與其在企業內努力爬向高層，我選擇打造自己的高層辦公室。
> ——講者／教練／作者傑西　費威爾（Jesse Fewell）[1]

　　本書其他章節也提到，遠距工作成功的關鍵是找到合適的工具、技能以及心態組合。當然，你的職位和產業會決定遠距工作的細節，但是有許多原則幾乎一體適用，尤其是面對工作的態度。

　　第3章列出開始遠距工作之前需要具備的條件：基本技能、操作方式、工作環境與設備等硬體。你需要準備好上述項目，好好熟悉，作為遠距工作的起點。第4章提到持續付出哪些努力才能精益求精，你將學到如何達到雇主的期望（考慮到工作動力和生產力），如何照顧自己的需要（好比不要工作超時），以及如何展現團隊精神。

　　假如你想在規劃遠距前，先評估自己是否是遠距工作的料，可以在第2部中找到相關指引。第2部末尾「更多資源」當中有份包羅萬象的問卷，可以幫助你判斷自己是否準備好開始遠距工作了 —— 還沒準備好的話，也會告訴你接下來該怎麼做。準備好下一步的人可以閱讀「說服雇主（或團隊）」以及「尋找遠距工作機會」。

　　我們列出了很多遠距相關細節，但遠距最重要的關鍵其實很簡單：成功的首要條件是成功的決心。如果你可以用這樣的決心來閱讀接下來的指引，相信一定可以進展順利。

第 3 章

● ● ●

遠距工作第一課：如何開始

> 遠距工作不是逃避工作，而是逃離白天的監獄。我們希望可以借科技之力，妥善運用時間。我們想要花更多時間做對自己有意義的事，減少塞在車陣裡的時間。
> ——TEDx talk 主題演講：解鎖未來系列（Theme: Unbox the Future）——從世界各地一起工作（Work Together Anywhere），
> 萊絲特・薩德蘭[1]

　　如果你已經是某個團隊中的遠距工作成員，可以直接閱讀第4章，學習更多精益求精的秘訣。如果你確定自己要投入遠距工作，也已經做好準備，可以跳到本章後面的「環境設置」。如你還在考慮是否要遠距，繼續讀下去──接下來的內容都與你有關。

採取彈性工作前，需要實施的前置作業

　　當我的角色是虛擬團隊成員時，我必須自動自發、聚精會神、充滿好奇、能屈能伸，最重要的是，要能與人合作。
　　——《富比士》，〈通訊工作是未來的趨勢〉（Telecommuting Is the Future of Work），梅根・M・畢若（Meghan M. Biro）[2]

在決定是否要採取遠距工作模式時（不論是自己猶豫不決或是上司猶豫不決），必須要同時考慮團隊成員的人格特質和技能組合。後面我們會談到如何說服老闆。但現在讓我們先談談遠距工作成功的因素。不管你是已經確定自己要走遠距這條路，或是你感覺遠距是唯一的路，試著放開心胸來嘗試下面的方法。現在就先找出你需要加強的人格特質和技能組合，會比已經開始在家遠距時才發現來得好。

以下列舉成功的遠距工作者最重要的特質。

成功的遠距工作者最重要的特質

最優秀的遠距工作者：

技能組合

- 熟悉科技（技能組合與硬體設備）。
- 善於溝通。
- 工作習慣良好：按部就班，懂得安排優先順序，妥善管理時間。
- 善於解決問題／找出問題。
- 已有遠距工作經驗。

工作心態

- 主動積極：獨立自主、自動自發。
- 重視團隊的工作態度：可靠、成果導向工作心態、並能及時回覆。
- 擁有良好的團隊精神：好相處、善合作、能協助他人，能聽取別人的建議。

成功的遠距工作者**善用科技，而不是抗拒科技**。這不代表你必須知道如何更換主機板或是竄改登錄檔，而是在Skype通話沒有聲音的時候，不害怕想辦法解決問題；以及登錄檔被竄改時，知道應該向誰求助。

成功的遠距工作者**善於溝通，特別是文字溝通**。人資顧問德克－楊‧帕特摩斯指出，遠距工作會讓原本就存在問題的溝通更加惡化[3]，所以用詞務要謹慎。另一個角度是溝通的意願：遠距工作時，寧可溝通過度也不要溝通不足，事實上，過度溝通本身是件好事。正如Intridea／Mobomo的凱薩琳‧奧亭傑（Kathryn Ottinger）所言：「假如你感覺自己過度溝通了，那就對了[4]。」

成功的遠距工作者**有良好的工作習慣**。特別是按部就班，懂得安排優先順序，妥善管理時間。

成功的遠距工作者**善於自己解決問題並找出問題**，也知道需要幫忙時該向誰求助。

雇主想找的是主動積極、獨立自主、自動自發的遠距工作者。意思就是成功的遠距工作者要具備工作動力，可以獨立作業。正如敏捷教練／顧問班‧林德斯（Ben Linders）所言：「沒有人告訴你該做什麼的時候，要有自制力才能完成工作[5]。」

成功的遠距工作者**具備「重視團隊」的工作態度**。也就是他們具備可靠、成果導向工作心態、能及時回覆等特質（這些特質適用於一人公司，也適用於團隊成員）。這些特質對遠距工作實在太重要了，所以本書各篇章不同的主題底下都會不斷重申，包含建立信任感（做個可靠的同事）、生產力（拿出工作成果）── 甚至是透明公開地工作（又稱「放聲工作法」）。

成功的遠距工作者也**具備良好的團隊精神**。意思是，他們好相處、擅合作、能協助他人，能聽取別人的建議。這也代表他們願意照著制定好的遊戲規則走，而規則是由團隊成員達成協議，共同建立（最後一點的相關資訊見第9章）。

上述範疇是從宏觀的角度來看。要更了解成功遠距的必備元素，可以閱讀接下來的段落「環境設置」，以及緊接在後的第4章。一邊閱讀一邊仔細做

筆記，寫下你認為自己目前處在文中哪一個狀態。做完筆記後，第2部末尾「更多資源」的「你準備好採用彈性工作模式了嗎？」問卷可以幫助你釐清現階段該做的事（注意，若跳過第4章直接填寫問卷，意義不大。）

環境設置

環境設置就是決定工作地點、該使用哪些設備和工具等。例如想在家裡開闢獨立工作空間，最好先試著遠距工作一段時間再來大興土木。所以在談工作環境之前，我們會先討論技術需求。

備妥遠距設備並熟悉使用方式

我在通話時一定會問對方：「我聲音清楚嗎？」聲音經過麥克風、網路、路由器、雲端，再原路回來要經過好多站，所以很有可能出差錯。
——「敏捷維度」（Agile Dimensions）教練暨創辦人
「敏捷比爾」‧克伯斯[6]

論到科技，我們給個人和公司的建議是一樣的：請使用最高規格的器材。遠距工作團隊必須具備穩定的網路以及高規格的週邊設備，才能享有話質清晰的寬頻通訊設備。事實上，為了建立有效率的通話，耳機組和視訊鏡頭的花費根本只是微不足道。

以下是維持穩定遠距關係最基本的必備條件 —— 後面我們也會更詳細解釋各項設備。

- 電話。
- 電腦（桌上型或筆記型）。
- 網路連線，通常透過數據機和 DSL ／無線網路／乙太網路來連線。
- 安全的文件儲存與備份系統。
- 視訊設備（較新的筆電和螢幕皆有內建）。

- 電話號碼、電子郵件等聯絡資訊。
- 工作需要使用的相關資料。
- 適合通話的安靜空間。
- 適合視訊的環境設置。

請把背景噪音減到最低。就算使用最高規格的網路連線，背景噪音還是可能會讓通話者分心。在辦公室裡的同事不喜歡聽到附近咖啡店卡布奇諾咖啡機的聲音，同樣，遠距同事也不喜歡你的小孩在背景吵鬧。也就是說，準備通話之前，你要先知道自己有哪些安靜的空間可以打電話。

請盡量採用視訊來溝通。人際互動的時候，「非語言的溝通」佔了很大一部分，所以最好打開視訊。也就是說，視訊時必須注意燈光和背景等細節。視訊通話很容易不小心逆光，整張臉都是黑的 —— 科學告訴我們，視訊時若燈光不佳，對話就很難進入狀況[7]。另外還要考慮到視訊時的背景。身後空間很亂或是一直有人走來走去，很容易令對方分心。所以，專業的視訊設置也要考慮身後的畫面不能打擾對話；有些人會建議設置屏風或隔板來避免這樣的情形。

最後，擁有高規格的科技還不夠，你還必須熟悉使用這些科技。花點時間學習如何使用這些工具，習慣使用視訊通話尤其重要。敏捷教練比爾·克伯斯指出：「善用視訊、聲音以及在立體的網路環境中悠遊自如，這些技能很重要。團隊合作時，每個人都必須習慣會使用到的遠距科技[8]。」

以下是幾點小秘訣：

- 選擇適合自己的通話方案。你可能會需要漫遊功能或是通話時數。
- 買台電池續航力佳的筆記型電腦，或是準備行動電源／充飽電的備用電池（一至兩個）。
- 確保需要時能取得技術支援 —— 以及關鍵時刻找不到技術人員的備案。

打造能提升生產力的工作環境

工作環境會決定我們的生產力，所以要妥善選擇工作環境，而有時候也必須設法適應既有的工作環境。

在家工作

許多調查都發現，大部分的遠距工作者選擇在家辦公[9]。如果你也想加入在家工作的行列，以下幾點建議不妨謹記在心：

- 設置一個隨時可以工作的工作專區。如果你有家人，餐桌就不是首選。
- 盡量不要用臥房當作辦公區。最好的狀態是辦公區與生活區分開。工作區與生活區分離有兩個好處：必須工作的時候，待在辦公區可以幫助你在需要時進入工作模式 —— 這樣就不會看到還沒鋪的床或滿出來的髒衣籃而受到干擾，也不會一天到晚想著還要繼續工作。
- 最好和家人或是室友定好工作環境的界線以及你期望的工作時間 —— 務要嚴格遵守共識。

至於實際環境，當然沒有一個「適合所有人」的理想工作空間。要了解自己的喜好得花點時間，特別是實際環境設置以及人體工學。我自己喜歡站立式書桌；有些人則喜歡符合人體工學的跪姿椅。伊夫‧漢諾（Yves Hanoulle）打造了一個居家「行走辦公室」：他有張電動站立／坐姿切換式書桌，還搭配跑步機。他說：「這讓我在辦公時間更有意識自己在工作，也可以增加活動量。」

不少人建議多方改造、嘗試，直到找出最好的環境設置。傑西‧費威爾剛開始在家工作時，在閣樓打造了一間辦公室。費威爾個子很高，在閣樓工作了一陣子後，因為天花板太低，他感覺自己一直駝著背，所以他改在臥房角落設置了辦公區 —— 但是沒多久他就發現，自己幾乎不從踏出臥房。最後，他在後院建了一間小辦公室，這間辦公室對他和家人來說都很完美。

費威爾表示：「要替這場旅程做足準備。不要期望第一次就上手。遠距工作是充滿各種小嘗試與迭代試驗的過程[10]。」

共同工作空間

當然，對一些人來說，在家工作不是個好選擇。若是住在大都會區，可以在共同工作空間租用辦公空間，可以按小時、天數付費或是包月。許多遠距工作者喜歡利用共同工作空間的設施，像是無線網路和印表機、掃描機等設備，同時還有機會可以認識其他也喜歡遠距工作的人。

混合工作模式／公共空間

很多人覺得混合模式更符合自己的需求 —— 也更適合某些特定類型的工作。

一般工作日我都在共同工作空間上班，從我在巴賽隆納的家走路只要幾分鐘就到了。有時我需要安靜，或是需要接電話，那幾天我就會在家工作。我喜歡自行選擇工作地點，有時是共同工作空間、有時是我家，甚至是我媽加州家中的廚房。

—— 人性化科技（Human Side of Tech）工作環境創新者凡妮莎·蕭[11]

對我來說，待在咖啡店是很愉快的體驗，因為我能感受到身邊的人的能量，而有些人可能喜歡自家的寧靜感。隨處都是辦公室的好處是，你可以視心情決定要在哪裡工作。我生性內向，外向是後天習得。所以我會看當天心情決定要在家裡工作或是出門上咖啡店。有這樣的選擇空間讓我感覺握有自主權。

—— Retrium 共同創辦人暨執行長大衛·霍羅威茨（David Horowitz）[12]

也有些人就是覺得辦公室最適合辦公

我的企業家老公試過在家工作，也試過在共同工作空間工作，兩種他都不喜歡。在家他感覺孤單、容易分心，白天晚上都待在同一個地點，他覺得無聊。共同工作空間沒辦法把會用到的設備全搬過去（外接螢幕、鍵盤、站立書桌），而且椅子不舒服。最後，他替自己和同事租了間辦公室。如果你沒有能力負擔一整間辦公室的租金，有些人其實會租用其他公司（不同產業也可以）

現有辦公室的多餘空間。

如果你的工作需要經常旅行

　　要具備遠距知識不見得要成為「數位遊民」。NanoTecNexus 創辦人雅德莉安那‧維拉的工作常需要履行，這一路走來，她靠著合適的工具、妥善的規劃以及創意思考來加強隨處工作的能力。她的分享如下：

　　遠距工作這條路上，我抱持著「適應、應變、克服」的信念：適應環境、隨機應變、克服限制。隨時隨地工作，需要養力自制力以及接受變化、接受限制的能力。遭逢限制的時候，可以激發我們的創意 —— 而創意可以幫助你面對挑戰。

　　維拉也提供以下建議：
- 只帶必需品。
- 行李要有備用電源線和備用電池。
- 線材和轉接頭上要貼有標示，若要上台演講更是如此。
- 筆記型電腦的鍵盤如果沒有背光，買一個 USB LED 燈。
- 帶上備用藥物或是小型急救箱。
- 印下行程表以免沒有無線網路。
- 按照哪些地點可以做哪些事情，把手邊的工作分門別類，尤其要考慮是否有無線網路[13]。

好好規劃事業細節以及財務狀態

　　如果你是維持現職轉遠距，或是即將成為某公司的正職遠距員工，你的財務狀態可能不會有太大的改變。但是如果你要創業接案，會有很多自雇層面的細節需要注意 —— 這些雖然不在本書討論範疇，但在此簡單列舉幾項如下：

- ・取得營業執照。
- ・註冊公司名。
- ・投保健康保險或公司險。
- ・申請公司專帳或是信用卡。
- ・諮詢律師、企業顧問、職涯顧問等。
- ・稅務規劃（或定期繳稅）。
- ・打合約，開發票。
- ・建立線上聯絡方式。

　　這些都只是冰山一角。更多資訊請見書末的相關資訊列表：「延伸閱聽資料與諮詢服務」中的「參考書籍與手冊」。

彈性工作小提醒

• • •

　　採取彈性工作前，需要實施的前置作業：你必須自己做出以下
決定

- 成功的遠距工作者善用科技，而不是抗拒科技。
- 成功的遠距工作者善於溝通。
- 成功的遠距工作者有良好的工作習慣：特別是按部就班，懂得安排優先順序，妥善管理時間。
- 成功的遠距工作者善於自己解決問題並找出錯誤，也知道需要幫忙時該向誰求助。
- 成功的遠距工作者要有工作動力，可以獨立作業。
- 成功的遠距工作者要有「重視團隊」的工作態度，也就是可靠、具備成果導向的工作心態、能及時回覆。
- 成功的遠距工作者擁有良好的團隊精神，也就是好相處、善合作、能協助他人，能接受別人的建議。

環境設置

- 要有高規格的科技，並務要熟悉使用方式。
- 進行語音或視訊通話時，把背景噪音降到最低，並把視訊品質做到最好。
- 確保你的工作環境有助提升生產力，和其他人清楚說明使用工作環境的界線。
- 若需要到異地工作，請事先做好相關規劃。
- 仔細規劃財務狀態以及事業細節。

第 4 章

· · ·

遠距工作第二課：精益求精

> 身為一名遠距工作者，必須兼顧工作與充份的休息。要能察覺自己在拖延，並有意識地停止拖延。停止拖延有時得靠加足馬力趕工，有又要靠休息。要認識自己才能好好照顧自己。
> ──Vrijhed.net 老闆／物理學者／團隊領導者／軟體開發師馬騰·庫伯曼（Maarten Koopmans）[1]

在上面的引文當中，馬騰·庫伯曼點出了遠距工作者最基本的條件：**認識自己，或說自我覺察**。到頭來，要克服各種挑戰就要了解自己的特質 ── 並且不斷努力求進步。

而要在遠距工作時拿出最好的表現，可以分作三個大面向來探討：如何達到雇主的期望、如何照顧自己的需要，以及如何展現團隊精神。

如何達到雇主的期望

成功的遠距工作者最重要的特質如下：工作動力、組織能力、生產力、安排優先順序的能力，以及時間管理。首先來看如何展開一天的工作。

動力與自律

> 沒有人告訴你該怎麼做的時候，就要靠自制力來完成工作。
>
> —— 教練／顧問班・林德斯[2]

實體辦公室內，自然就存在一種紀律感。可是在遠距工作時，我們必須自己想辦法拿出動力和紀律。好在，大家針對這個問題提出的答案都差不多，可說是英雄所見略同：

- 早晨要有一套固定的例行活動，幾乎像是儀式似的。
- 穿著要比照出門上班一樣。
- 在工作專用空間辦公。
- 設定工作時間，並好好遵守。

資訊系統工程師兼資訊科技顧問安卓雅・札巴拉（Andrea Zabala）則提供以下建議：「不要醒來就坐到電腦前。先沖個澡，穿上外出的衣服。這會讓你感覺自己要開始做家務以外的事情了。在家工作也要適時休息，就像在辦公室上班一樣[3]。」

特別留意，這個過程可能會需要建立新的連結。如果你從來不曾遠距工作，剛開始實施遠距工作的那個禮拜一，可能會給你「週末有三天」的錯覺，所以你需要建立新習慣，並用新的方式來看待家中的空間。如物理學家／軟體架構師馬騰・庫伯曼所言：紀律需要養成[4]。一開始可能很難，但無須擔心。給自己一個機會好好適應新的工作環境。

有些人建議在前一晚就規劃好隔天的工作進度，也許可以先安排工作順序，這樣隔天自然就能先處理重要事項。如果你跟我一樣，早上腦袋不清楚，那麼你應該會希望先來杯咖啡，再開始思考第一件事該做什麼。

生產力

辦公室內含一種有損生產力的規範。能幫助某人提升生產力的條件，

對我不一定管用，所以平均下來，整體生產力就被拉低了。遠距工作對我來說很重要，因為這樣我才能控制自己的生產力。

——Vrijhed.net 老闆／物理學者／團隊領導者／軟體開發師馬騰・庫伯曼[5]

前一章中，我們討論到如何挑選最適合你工作的環境。舉例來說，我的居家辦公室就是我覺得最舒服、最有效率的淨土。所有工具及環境都在我的掌控範圍內，我可以運用我的工具、環境，幫助自己進入最專注的狀態，並且把干擾因素降到最低 —— 而且我還有很棒的站立式書桌和美味的咖啡，鄰居的貓每天還會來串門子。

雖然很多人有辦法可以進行「多工」，實際上，人類在專心致志的時候才能拿出最好的表現。史丹佛大學一項研究中，學者原本想要探究，哪些因素會造成多工者可以產出比較高的生產力 —— 卻得到了與初衷相反的研究結果。該研究的第一個發現是：比起喜歡專心做一件事，並且不需要多工的人，多工者的生產力較低。學者們指出，多工的受試者「無法不去想他們沒在做的那件事」並且「無法過濾與現階段目標無關的事[6]。」

那麼，要怎樣才能提升專注力呢？答案是**降低干擾因素**。

其中一個做法是預防干擾。舉例來說，可以設定電子郵件、電話、應用程式的通知。為了避免認識的人在臉書隨便發一篇文就跳出通知，可以關閉標註、發文留言、好友邀請、群組發文等通知。至於工作信箱，有些人習慣先寫完一段文章或一段程式碼之後再檢查信件，回信就更不用說了。有些人會先和同事談好，只有在整點時回信，或是每半個小時回一次信。需要長時間專注的時候，可以告訴大家你的截止日或是你要三小時後才能回信。

從另一個角度來看，也要和室友與非同住熟人**設定界線**。雖然上一章已經有相關討論，但設定界線這點非常重要，值得重複：必須和家人或室友設定清楚的界線和期望，例如你的工作空間，或是請他們尊重你的工作時間。替自己設定界線可能沒有想像中簡單 —— 遵守又更是困難。但是一定要了解自己的需求並把這些需求告訴身邊的人。

還有一個策略：**善用自己腦袋最清楚的時間**。意思就是，要了解自己什麼時間工作最有效率 —— 依此進行事先規劃。

優先順序／工作管理／時間管理

規劃工作的時候，有一個提昇生產力的方法：記下所有待辦事項。好在現在有不少專門管理大型專案的應用程式，如Trello和Asana，這些程式也可以幫助我們統整私務。不妨摸索一下這類工具，看看哪些適合自己。很多程式提供不少免付費功能，升級服務才會收費，也有些程式提供免費試用期。此外，雖然Asana可以用來管理高度複雜的專案，生產力顧問保羅・麥諾斯（Paul Minors）也在網誌上的Asana示範中解釋為什麼他也喜歡用 Asana 來管理私務[7]。

我特別提到Trello和Asana，是因為這兩個程式分別使用不同的方法來管理專案。Asana的主介面是較直觀的清單，Trello則比較視覺導向，使用「看板」（board，有時直接稱 Kanban）或「卡片」來做管理。後者這種視覺管理法之所以問世，是因為很多人認為把工作內容視覺化可以提升生產力。「個人看板」發明者吉姆・班森（Jim Benson）也指出：「科學家發現，安排優先順序是最耗神的工作。」原因是我們沒辦法「看到」每件待辦事項。但是如果可用視覺方式呈現每件代辦事項，就更容易知道什麼時候該完成哪些事情以及處理順序[8]。

班森的「個人看板」兩原則正巧與專注力和生產力有直接的關連：

- 把工作視覺化。
- 限制自己一次只能處理3項工作。

為什麼只能3項？因為專注處理手上的工作，不僅有助於達成目標，更可以把工作做好 —— 這不只讓我們自己感覺愉快，也讓派工給我們的人覺得愉快。心煩意亂就沒辦法拿出讓自己滿意的工作表現，因為我們自知工作成果不佳。就像班森說的：「這對你未來的工作一點幫助都沒有，因為你在對過去的工作成果感到懊惱[9]。」

另外還要考量承接的工作量，才能順利完成交辦事項。不要承接超過你負荷能力的工作量。此外要記得：拒絕工作有時要靠自制力。誠實說出「我要到下週才能拿出最好的表現」對所有人都好 —— 總比交出差強人意的成果好。

調整自己的工作步調

再從另外一個角度來看，生產力與耐力和頭腦靈敏度有關。許多受訪者建議調節自己的精神，這樣才能把生產力發揮到最大值。對很多人來說，要調節精力就要適度休息。生物晶片製造公司「艾菲矩陣」（Affymetrix）的開發人員愛德·爾溫（Ed Erwin）表示：「我的鋼琴就放在我的辦公室內，工作到一半需要休息時，我就可以轉身彈彈琴。若需要較長的休息時間，我會到附近的小山丘騎腳踏車[10]。」對一些人來說，小睡也是適度休息。「藍雲杉」控股公司（Blue Spruce Holdings）合夥人德瑞克·史庫格（Dereck Scruggs）分享：「調節當下的精神，對我來說很重要。最重要的是，我需要足夠的睡眠[11]。」而我本人也可以見證這點。我從前睡眠不足也可以勉強正常運作，但現在我發現，有了充足的休息，整個人的狀態會更好。後面的段落我們會再回頭討論調節精力的重要性。

有些人相信番茄鐘工作法可以幫助他們拿出最高的生產力。番茄鐘工作法提倡專心工作25分鐘，每25分鐘稍作休息（這種工作法的名稱，源自義大利人法蘭西斯柯·齊立羅 Francesco Cirillo named 以及他發明的番茄鐘計時器[12]）。當然，最好的工作法因人、因工作性質而異，關鍵在於依照自己能力，工作到最長的時間 —— 接著讓腦袋休息一下。

適合你的工作環境

生產力的最後一個影響因素是居家辦公室的實際設置。居家辦公室顧問琳達·瓦隆（Linda Varone）指出：「在家工作的問題可能不是意志力，反而是工作環境的設置。」她也提到，「無聊的辦公室跟塞滿物品的辦公室一樣會降低生產力[13]」。如果你需要更多這方面的資訊，可以參考瓦隆的網站（www.thesmarterhomeoffice.com）或是她的著作《聰明的居家辦公室：用八個簡單的步驟來提升收入、靈感以及舒適度》（暫譯，原書名：The Smarter Home Office: 8 Simple Steps to Increase Your Income, Inspiration, and Comfort）。

如何照顧自己的需要

認識自己，意味著知道自己需要什麼，這樣才能繼續往前，才能履行責任。我的受訪者在這方面提出的首要忠告是，不要冒累壞自己的風險。

過勞的風險

我手上大部分的工作，不管在哪裡都可以完成。我熱愛我的工作，所以隨時工作不成問題。

—— 荷蘭鹿特丹伊拉斯莫斯大學神經放射學副教授瑪莉詠・史密茲[14]

我常常在晚上進辦公室，原先只是想用電腦查個東西，結果3個小時過去了，我還坐在辦公桌，這種狀況很常發生。

—— 自雇創意協作專員伊夫・漢諾[15]

第5章將會提到，企業主管會擔心員工不在辦公室、無人監督，就會偷懶。事實上，遠距員工是最不愛偷懶、最常工作超時的人。

會有這種現象，通常是因為遠距員工具備工作熱忱與敬業精神。如前面瑪莉詠・史密茲所言，我們選擇了自己熱愛的工作，也熱愛工作。難就難在找到平衡。傑瑞米・史坦頓表示：「要停機可能反而更困難，因為我們不想停機。如果你熱愛自己的工作，反而比較可能會被工作吞滅[16]。」

還有一個原因可能導致遠距員工工作超時，就是他們想彌補時區的差異。這會造成永遠無法停機的危險：沒日沒夜地工作，只為了解決世界各地同事當下的需求。網站WorkAtHomeSuccess.com創辦人萊絲莉・特魯克絲提出警告：「不要沒日沒夜地工作，會把自己搞瘋[17]。」

所以，為了保持最佳工作狀態，我們需要非常留意自己的精力。也就是說，工作一陣子後要停下來休息一下。資訊系統工程師安卓雅・札巴拉甚至建議把以前在辦公室上班時一直想做的事拿出來做，例如在陽台吃午飯、出去散步，或單純踏出家門呼吸5分鐘的新鮮空氣。也別忘了好好享受自己當初決定

遠距時追求的小確幸 ── 這也是我們的下一個主題。

多站，少坐，多動

　　2015年澳洲一項研究發現，下列這套模式對健康有非常大的助益：坐25分鐘，站8分鐘，接下來活動至少2分鐘。假如你時常站著辦公，也可以維持28分鐘站姿，接著動動身體，休息一下。這項研究的研究人員表示，這套模式很值得努力遵守 ── 因為久坐好幾個小時的人是「心肺／新陳代謝疾病的高風險族群」，尤其是心血管疾病、糖尿病以及減壽，就連有習慣在非工作時段從事大量有氧運動的人也不例外[18]。

結合工作與生活

　　工作生活平衡很難達成。你很可能會卡在無時無刻都在工作的狀態，沒有停機的時候。但這都是自我管理的問題。自我管理其中一環是要制定嚴格的界線以及規則，知道什麼可以，什麼不行。

　　　　──「蓋蘭集團」（Garam Group）系統工程師非爾·蒙特羅（Phil Montero）[19]

　　過去認為「工作生活平衡」的目標是把工作和生活分開。但是近期的相關討論卻轉變成「工作生活結合」，也就是說，工作與生活之間的界線模糊了。

　　對我來說，這個令人樂見的轉變總算來了。有太多人誤以為休閒必須和工作分開，因此努力嘗試把興趣塞進工作以外的空閒時間，卻一無所成。事實

上，遠距工作專家、研究員與壓力顧問一致鼓勵遠距工作者定期從事工作以外的活動。沒錯，Remote.co的「遠距友善公司」調查中，許多受訪公司都表示他們想找的是工作以外有個人興趣的求職者，原因很多。其中一個原因是，有個人興趣的求職者追求「自我實現」，並且同時具備「完成者」以及「開創者」的特質。軟體開發公司SitePen尤其「偏好積極參與公司外社群活動的人。這些人展現了領導能力、組織能力以及熱情。」另一個原因是，這些人有不斷求進步的討喜特質。持續努力想要刷新自己10公里長跑紀錄的工作者，在工作上也很可能會持續努力尋求更大的突破、更好的表現。第三個原因與過勞問題有關。「全球網絡伺服公司」（World Wide Web Hosting）提到：「徵求新員工的時候，必須尋找擁有工作以外社交生活的求職者。」這是因為靠工作來滿足社交需求的人通常較難勝任遠距職務[20]。簡單來說，工作之餘的興趣可以舒緩遠距工作的一大問題：孤獨以及孤獨可能帶來的負面影響。接下來會針對這點有更多討論。

結合工作與生活的遠距工作模式

「隨處都是辦公室」（Working from Anywhere）負責人安迪・威利斯（Andy Willis）提到：「我當初有一間小公司經營了幾年，然後決定去法國一個月，打算一邊在阿爾卑斯山騎腳踏車，一邊與澳洲的同事繼續共事。過程相當順利。這改變了我的人生。我發現我到哪裡都可以工作。隨著年齡增長，你會發現很多人到退休才開始過生活。但是我不想這樣。我想要工作配合生活，而不是生活配合工作[21]。」

可以把工作做好又可以享受美麗景緻，這就是遠距工作的美好之處。還有一個例子：我先生是登山狂熱份子。我們一年會來個好幾場「工作度假」，一邊工作一邊探索未知的山脈。我們會租有好幾間房、無線網路穩定的Airbnb，需要工作的時候就工作，有空的時

候就去散步、爬山。對我們來說，偶爾改變景緻會替工作帶來新意。

「桑納泰普」（Sonatype）產品經理傑弗瑞・赫斯（Jeffry Hesse）也有同感：「我發現自己在大自然中、在山林裡的時候最快樂。爬山是我的一大興趣。因為我到哪都可以工作，我就可以找個地方，好比阿根廷，待上2個月，爬巴塔哥尼亞山。去年12月我到阿拉斯加探望祖母，待了1個月。隔週我飛到加州爬山，接著再回阿拉斯加待上幾個月，爬冰山。在辦公室工作就無法過這樣的生活。不過不要誤會 —— 我們很努力完成每件工作，只是我們把工作環境變得適合從事生活中的其他事情。這就是遠距工作的美妙之處，工作與生活可以融合在一起[22]。」

其實整體來說就只有一個簡單的建議：好好照顧自己，需要休息的時候就休息。

了解自己的社交需求

我覺得從來未曾遠距工作的人，可能不知道遠距工作究竟有多寂寞。
——「創業小隊」（StarterSquad）共同創辦人暨精實企業成長駭客（lean business hacker）艾文・弗德（Iwein Fuld）[23]

在前面的段落裡，全球網絡伺服公司（World Wide Web Hosting）表示他們在招募新人時，會考慮應徵者是否在工作以外，擁有自己的社交圈子。這是因為有遠距經驗的雇主，對「桑納泰普」（Sonatype）敏捷教練馬克・基爾拜以下這段簡短的話實在太感同身受了：孤獨感會時不時席捲而來[24]。

單打獨鬥很容易跟外界斷了聯繫。我有很多受訪者表示，剛開始遠距時需要克服孤獨感。而很多人單純想念茶水間的嘻笑閒談。

好在有一些解決孤獨感的方式可供選擇，也不一定要實際見面。首先，

網路上有太多同好交流的機會（不管是好是壞）。你可以使用社交媒體，加入世界各地的人創立的各式群組，展開一場豐富美好的的知識、興趣、計畫饗宴。

另一種方式是在線上共事。前面也提過，共享工作空間提供工作桌，可以按小時、天數租借，也可包月。對很多人來說，比起可以提升生產力的工作環境，其實更喜歡身旁有人的感覺。但對我這類人來說，身邊有人很容易分心──噪音、動作、缺乏隱私都使我無法專心工作。所以就算我再怎麼喜歡與人共事，共享工作空間還是不適合我。那麼線上共事呢？那就是另一回事了！線上共事可以讓我在自己精心打造的居家辦公室中保持社交聯繫。怎麼辦到？可以運用視訊科技，定期與氣味相投的同事聯絡感情。

早在2012年，我和住在加州的學術人生教練葛瑞成・偉格諾（Gretchen Wegner）替我們的共同客戶一起寫了一本書。我們會使用每天重疊的工作時間共事幾個小時，用Skype通話、用Google Doc寫書。共事的頭5至10分鐘，我們會打開視訊打個招呼，準備開始，接下來會關掉視訊，專心寫作。這樣一起工作生產力很好，也很開心，我們也成了好友。我們很喜歡一起工作，甚至在完成該書後，也決定延續每天一起工作的習慣，一起做各自的工作。直到今日我們仍一起工作──也尚未實際見面。

線上共事其實不限2人；視訊會議科技可以有效地把整個團隊聯絡在一起。更多相關資訊請見第8章的線上共事段落，文中介紹了各種不同的線上共事法，運用科技建立工作團隊之間的情誼。

如果你喜歡實際見面，社群網路服務其實並不侷限於線上；Meetup.com等網站提供志同道合的人實際見面的機會，好比可以見面一起練習外語或是學做菜。（撰寫本文時，舊金山的Meetup活動有「太極、形意、八卦內功訓練」以及「街友中心愛心早餐」等）。

當然，如果你想多花點時間與其他專業人士交流，共同工作空間是不錯的選擇。記得：不一定要在共同工作空間待好待滿，也許一週租用一天對你來說就夠了──也可以特別選擇週四或週五這類下班後可以一起喝一杯或吃晚飯的日子。

總而言之，有很多方法可以幫助遠距工作者建立人際關係；只要找到適

合自己的方法就好了。一旦找到滿足自己需求的方式，就會更清楚自己是怎樣的人，以及下一步該怎麼走。

持續提升自己的能力。反覆實驗，不斷學習新事物。
　　　　　　── 教練／「管理3.0」（Management 3.0）會議引導師
　　　　　　　　　　　　　　　　　　萊恩・范・魯斯麥倫[25]

如何展現團隊精神

很重要所以再說一次：遠距工作團隊要合作無間，就必須事先決定好該如何共事。第9章從團隊的角度列出應該要考量的因素。至於現在，我們要從個人的角度來討論幾個面向。找到最適合團隊的共事模式，團體表現才能優於單打獨鬥，讓我們先來確保你個人的努力可以滿足這個崇高的標準。

溝通

良好的溝通是關鍵。遠距工作時，組織內同階層與跨階層的溝通都要更頻繁。
　　　　　　──「聰明工作」」（Wisework Ltd）負責人／查特豪斯顧問集團
（Charterhouse Consultants group）負責人 持有人克里斯・李吉威爾[26]

第3章和第6章都指出，良好的溝通技巧對遠距工作非常重要，尤其是因為遠距工作常需要靠文字溝通。但是要當一個神隊友，光是講清楚、說明白，或用字遣詞靈活還不夠；說多少、什麼時候說、為什麼說，也都是良好溝通技巧的關鍵。

理想狀態是工作團隊共同擬定一份團隊協議，針對如何完成各種協作專案，制定大家喜歡的合作方式（第9章會談到團隊協議）。團隊協議中，溝通禮節很重要。舉例來說，在傳遞某些特定類型的資訊時，不妨想想使用簡訊或是即時通訊（或聊天軟體）是否比電子郵件好；或是多久回覆一次電子郵件比

較恰當。但是在擬定團隊協議之前，就可以開始練習我們建議的溝通禮節了。

首先，以下兩種方式可以讓電子郵件更有效率。一，假如信件中有多個重點需要對方回應，那麼請清楚陳述每一點（可以用數字標號），指明你需要得到的確切資訊。如果回信中漏了哪一點，再問一次 —— 未來寫信時也許可以用新的方式加強重點。二、回應有許多問題的信件時，針對每一個清楚的問題做出回應 —— 就和口語溝通時一樣。第二種做法有兩個好處：仔細回答可以幫助工作進展，也因為你能針對每一點給予回應，同事間的關係就會更好。

雖然鉅細彌遺的信件可以提升生產力，假如信件主旨下得不準確或文不對題，有些訊息就會石沉大海，一封信中有太多主題也是個問題。所以有些人建議一封信只能有一個主題。思科系統的哈桑・奧斯曼的做法又更為徹底：回信時若信件內容有所改變，他就會修改主旨欄位，這樣未來搜尋訊息會更方便（這也是之所以我的團隊比較喜歡聊天工具，不喜歡電子郵件。聊天平台會集中存放資訊，供所有成員隨時查閱）。

寄多少信、多常寄信也是另一個需要考慮的面向。獨立顧問彼得・希爾頓（Peter Hilton）提出建議：「我的原則是：寄信速度不要超過收信速度，也不要超過別人寄信的速度[27]。」

另一個小建議：打字快一點。我曾經聽人說很討厭跟某個特定同事傳訊，因為等他訊息都要等好久。這名同事打字其實並不慢，只是太努力在著墨文句，等待回覆的人等到都要睡著了。所以如果你打字很慢，或是要求寫作完美，最好不要使用即時通訊軟體 —— 要不然就是學著打字快一點。

最後一點，也是後面即將談到的主題：每個群體都會有不可避免的衝突，而衝突的起因通常都是小誤會或是錯誤的預想。產品經理費南多・加利多・瓦茲就提到：「每個人當然都有自己的個性。不同地區的人會有不同的行為模式，討論事情的時候又特別明顯。你只需要意識到差異，練習慢一點反應就好[28]。」換句話說，學著不要妄下斷論 —— 也不要（草率地）表達不滿。後面還會深入探討這點。

協作

協作時也可以運用類似的原則。敏捷教練／顧問班・林德斯提出以下建議：「尊重其他人的工作過程，他人的工作方式通常不會跟你一樣[29]。」這是他的親身經驗。

位在荷蘭的林德斯與葡萄牙管理顧問路易斯・岡薩維斯（Luis Gonçalves）是《從敏捷回顧會議中找出價值：回顧會議工具組》（暫譯，原書名：Getting Value Out of Agile Retrospectives: A Toolbox of Retrospective Exercises）的共同作者，他倆透過遠距的模式，合作撰寫該書。這兩人會展開合作，是因為他們認同彼此的專業知識，但很快他們也發現，兩人的工作方式非常不同。雖然這在一開始造成了一些摩擦，但經過溝通，解釋了自己喜歡的工作方式後，兩人就能尊重對方的工作步調 —— 也找到了彼此接受的共事方式。

我在替自己的公司尋覓各種不同的人才時，也有類似經驗。新人剛上任時都會有點不順，然而一旦我發現他們的工作成果頗令人滿意，我就得提醒自己放手，讓他們用自己的方式做事，用他們自己習慣的步調與工具做事。

溝通與協作兩者都是遠距團隊工作不可或缺的關鍵元素，這個探討層面比較深，包含建立信任感與建立關係。

建立信任感：展現責任感

信譽是協作經濟的基石。

——「信譽大師」（Reputation Mastery）創辦人
派・伏克曼（Per Frykman）[30]

在辦公室工作，可以現場看到團隊成員努力做事的樣子 —— 他們可能在開會，或是在電腦前打字。辦公室工作環境之所以能提升生產力，一個原因是努力工作的氣氛會讓我們也想要表現自己。這種殷勤工作的團隊氣圍會帶來一種信任感，而這種信任感會提升團隊向心力。

但是遠距工作就沒有內建這種人人都在努力工作的氛圍，原因是無法親眼看到同事努力工作的樣子。然而視覺可能會造成誤導；你很容易以為辦公室同事坐在電腦前是在認真工作，但事實上他們可能是在整理Netflix片單。反過來，我們看不到遠距員工的工作狀態，少了視覺提示，就會腦補他們在偷懶看Netflix。

還不只這樣。「我覺得他們沒在工作」這類的想法會累積出很糟的負面聯想。再者，我們通常會避免和討厭的同事溝通，可是這只會讓狀況更加惡化。當團隊成員停止溝通，就有可能刻意保留資訊——更糟的是，還有可能在背後說閒話或鬧分裂，於是就可能產生小團體，跟在實體辦公室一樣。這些問題都可能演變成不信任感，不論是辦公室或是遠距。差別在於，遠距工作較難察覺問題是怎麼開始、什麼時候開始的。

要採取不一樣的心態，才能把辦公室那種「每個人都在努力工作」的感受複製到線上。我們必須相信其他人會完成交辦工作；必須願意展現自己的生產力；必須在交辦工作上拿出成果。

可靠、穩定、透明是信任的基石。我是否能信任你會在時間內完成你的工作？你是否能拿出最高品質的工作表現？我要找你的時候找得到人嗎？

傳統辦公室中，出席每場會議就代表你很積極；發表意見，大家就認為你工作認真。但是遠距工作時，你必須拿出成果。如果交不出你承諾的成果，大家都會看在眼裡。

——Nozbe創辦人／執行長麥克·斯利溫斯基（Michael Sliwinski）[31]

我們確實可以用說到做到來展現自己的能力，但是假如沒辦法在一天內完成手上的任務，就需要用其他方式來讓同事「看見」你（遠距工作常講「視覺提示」）。對很多人而言，遠距共事會需要「宣傳」自己的生產力，這可以藉著「放聲工作法」來達成。

我可以整天埋頭工作——而我不說，你也不知道我在忙。但是如果我把文件放在網路空間，你可以看到即時更新，也可以從共享待辦事項清單

看到完成的事項，你就不會懷疑我是否在工作，也不會不知道我在做些什麼。

——「蓋蘭集團」（Garam Group）系統工程師非爾・蒙特羅 [32]

放聲工作法是遠距團隊很重要的關鍵。放聲工作主要傳遞的訊息就是：「哈囉！我在工作喔！」至於要用什麼方式讓彼此知道自己在工作，需要團隊一起決定。每天早上發信告訴所有人：「大家好，我今天要做這個那個……」頗為麻煩，所以許多團隊選擇用專門的應用程式作為溝通中心，例如聊天工具Slack或是專案管理工具Asana、Jira、Trello。

現在你可能會納悶，要怎麼維持能見度，同時又減少打擾我們工作的干擾因素？這全看團隊特性。有些團隊需要知道每個人在做些什麼，所以需要經常交談。而對某些團隊來說，「把工作做完」的意思是完成很多小任務。使用Trello這類的協作平台就可以看到哪些工作派給了哪些人。一項工作從「進行中」被移到「已完成」時，所有人都能看到這項工作已經做完了，不需要為此特別發群組訊息。團隊成員也可以藉著使用即時通訊更新自己的狀態，來告知其他成員自己手上的工作。不管你採用哪種方法，需要降低干擾因素的人可以自行調整程式設定，讓訊息可以即時進來，但晚一點收到通知。這些也都是團隊協議可以討論的細節。

要替「建立信任感」做總結，就要談到下一個主題：建立關係。

我們可以用各種不同的方式來建立信任感，而彼此關心的效果很強大。假如其他人能感覺到你的支持，感覺到你關心、尊重他們的個人生活，這些都可以建立信賴感。這是團隊合作的關鍵，虛擬團隊或集中團隊皆然。

——「提示博士」（Dr. Clue）創辦人戴夫・布魯（Dave Blum） [33]

建立關係

要建立信任感，就要公開透明、有人情味。

　　若同事之間彼此相處愉快，就可以組成比較優秀的工作團隊。而要與同事相處愉快，就需要認識同事。一開始，你可以幫助同事更認識自己，可以在展現專業能力的同時也展現一點個人特色。但是，有些人放得開，有些人放不開──就像有些文化比其他文化開放一樣。

　　好在要與團隊成員建立關係，有很多方法。第一種方法很簡單：打開視訊。人類是視覺的動物，如果可以把臉、聲音、姓名對上，會感覺關係更加緊密。所以，不要只用寫信或是語音跟團隊成員溝通；把視訊通話變成常態溝通模式，一對一通話或團隊通話都一樣。

　　然而視訊通話只是第一步。遠距團隊中，很多人只有開會時出現，討論議題，然後就回去埋頭苦幹，這樣就沒有時間認識彼此。由我主管的完全分散專業協會「快樂梅利」遠距團隊中，每一場會議都配有聯絡感情的時間。想要聊天的人可以在開會前5至10分鐘先上線，不想聊天的成員開會時間到了再上線即可。應該不難想像，越常參與這種社交活動，就會越了解你的團隊成員──他們也會更了解你。快樂梅利開會前也會先「破冰」，藉此強化感情。破冰活動可能是說說你最喜歡的食物，或是與其他人分享某個東西的故事：好比你在火地島買的馬克杯。我知道這種活動聽起來很俗，但是這樣確實可以幫助開啟話題，讓大家聊起自己的事。不管採用什麼方式，重點是要在團隊中展現一點個人色彩，含蓄或活潑的方式都好。如果你收藏了各種有趣的T恤，穿起來；不要每天都穿同一件毛衣。

　　本書第4部涵蓋建立團隊關係的各種方法，像是安排社交時間，例如舉辦「快樂星期五」或是「猜謎聚會」。雖然這類活動多由團隊規劃或由主管舉辦，可是你也可以自己發起活動。你會和辦公室同事一起出去買咖啡，照樣，也可以和線上同事一起來個線上咖啡時光或是線上吃午飯，好好認識大家。

　　當然，團隊建立的最高指導原則還是盡可能見面。許多團隊的見面活動是由主管規劃，但是如果你想要更常見面，主動提出見面要求也有益無害。雖然視訊通話也可以建立不錯的關係，遠距人際關係最好以實際見面來奠定良好

的基礎。

另一個小建議是善用實際見面的時間。如果團隊沒辦法定期聚會，不要在有限的見面時間中做線上可以做的事。好好運用實際相處的機會。

雖然團隊建立大多是由上至下，還是有很多其他方法可以從個人層面來展開人與人之間的關係。

解決衝突

> 要記得，你是在跟人共事。不要預設立場，多發問。要有好奇心。
>
> ——「遠距而不疏離」（Virtual not Distant）、總監皮拉兒·歐蒂[35]

建立關係不僅可以增加快樂好時光，也可以避免衝突。雖然有些衝突確實無法避免，還是有許多方法可以防止心裡的小不爽累積成大問題。首先要談的是：正向溝通。

練習正向溝通

遠距工作時，必須特別注意溝通的禮貌以及說話是否有建設性。以下是幾個基本原則。

首先，文字溝通很容易產生負面誤解，哪怕說者無意。所以最好時時保持友善，過度友善也無妨。

從另一面來看，要永遠預設對方是出於好意。如果沒有足夠的資訊判斷對方為什麼這麼說、這麼做 —— 或是為什麼事情沒做完 —— 很容易就會腦補負面情節。反之，應該要盡力不要妄下斷論。就算你的通訊對象很不客氣，盡量假設對方沒有惡意。管理顧問凡妮莎·蕭提到：「當你不確定如何該回應某人的時候，問問自己：『還有什麼是我不知道的？[36]』」

最後，請忍住想要宣洩強烈情緒的衝動。不妨思考一下：有些人就是習慣立即表達自己的感受，當然，現場爆怒這樣做當下可能很痛快，卻可能造成彼此關係出現裂痕，無法修復。把內心真實的聲音留在心裡是明智之舉 —— 盡可能給予有實質幫助的回應。（後面的段落會再針對這幾點多做說明）。

給出有建設性的正面回應

我最近在谷歌上搜尋了「三明治回饋法」（feedback sandwich）。頭幾項搜尋結果是來自頗具公信力的網站，內容都不建議這種溝通方式。所以，如果你對「三明治回饋法」有所質疑，記得以下兩件事。一，同儕間的回饋與上對下的回饋是不一樣的 —— 上面提到的文章是寫給管理階層看的。二，我認為其中有些溝通方式可能有效，而這些文章的作者反對的只是未能被善加利用的方式，或是被錯誤使用的方式。

三明治回饋法是用兩個正面回饋夾住建設性回饋。這種溝通方式要成功，正面評論就要真誠，要對症下藥，用字遣詞也很重要。

對我來說，這些正面回饋並非苦藥外的糖衣。有時正面評論的關鍵是要表示：這些地方你做得很好 —— 那我們來看看要怎麼把案子的其他部分也做得這麼好。畢竟，如果弄不清楚怎麼做才能達到標準，就沒辦法拿出高水準的工作表現。況且有時我們會覺得提出回應的人只是搞不清楚我們到底想要做什麼，但是假如知道自己的某些努力確實被看見，就更能認真看待批評。另外還有一點：很多人在沮喪的時候無法拿出最佳的工作表現，所以給予回饋時夾帶一些稱讚，可以幫助我們順利回到最佳狀態。

反過來說，如果缺乏正面回饋，如果回饋者給出一大堆負面的看法 —— 或本身是個負面的人 —— 就很難知道哪些建議有實質幫助，哪些又只是同事當下的情緒反應，或是他對我們的個人感受。

要提出建設性建議，有以下幾點原則。

給予真誠的正面回饋。可以是同事目前或是過去處理得當的地方；可以是你對同事整體工作狀態的讚賞；也可以是你對他們整體的正面感受。

用字遣詞時，盡量表示這是你的個人觀點，並非絕對。很差／很草率／不怎麼樣／很糟糕／很蠢等用詞，沒有實際幫助。反之，應該表達你不喜歡某種做法的原因，或是為什麼你認為這樣做無法達成目標。舉例來說：「我不太明白這個論點，所以其他人可能也會感覺困惑，你可以再解釋清楚一點嗎？」或是「這部分我看起來像是還沒完成，要不要再補一些東西？」

不要忘記最終目標。最後，不要模糊了焦點。工作做好對每個人都好，

所以要盡力幫助同事達到這個目標，才能皆大歡喜。

接下來：如何請益他人，獲得有實質幫助的回饋，並聽取建議。

從別人身上得到有實質幫助的建議

蘿倫·沐恩（Lauren Moon）在她的Trello網誌文章《避免海鷗效應：30／60／90回饋架構》（Avoid the Seagull Effect: The 30/60/90 Framework for Feedback）中談到，團隊成員有時會在結案前，向海鷗一樣「俯衝投擲」出一堆負面評論，但在這種時間點提出負面的評論，時間上已經太遲了。這點非常討厭。[37] Medium.com 對「海鷗效應」提出了更全面的解釋：海鷗效應：某人跑到你工作的地方，拉了一坨屎，然後飛走[38]。要避免這種情況，沐恩建議使用30／60／90架構來尋求建議，在專案的不同階段請同事提出不同程度的回饋。參見以下方框內的解說。

30／60／90回饋架構

任何需要取得多方建議的專案，都可以使用30／60／90回饋架構。30／60／90代表專案執行的不同階段。

進度到了30%階段時，希望獲得的回饋

在專案起始階段，可以在方向和範疇上尋求建議 —— 諸如想法、意見或是針對整體概念的小建議。你可以表明自己希望得到以下建議：

- 對於整體專案概念的回饋意見。
- 是否可以有不同的目標受眾。
- 專案範圍與拓展的相關建議。
- 專案內各子項目「可行」或「不可行」。
- 是否與公司組織的整體目標一致。

此外，可以直說你目前尚不需要以下建議：
・審稿、句型架構或格式。

進度到了60%的階段時，希望獲得的回饋

這是第二階段，這個階段你應該已經完成了一些計畫細節，但仍歡迎提出實用建議。沐恩提到：「這個階段的關鍵是要讓所有相關人士參與，因為不管他們提出什麼建議，都可以幫助計畫從草案往成果的方向邁進。此外，假如不趁現在就蒐集相關人士的建議，往後就有可能被可怕的海鷗攻擊。」可以表明你希望得到下列建議：

・拓展專案範圍的其他方法。
・文法、審稿、句型架構或格式的細節。
・顏色、圖像、設計等的細節。
・針對上一個階段提出的建議檢討執行狀況。

此外，表明你目前不需要以下建議：
・對於整體專案概念的回饋意見。
・專案中關鍵項目「可行」或「不可行」。
・是否與公司組織的整體目標一致。

進度到了90%的階段時，希望獲得的建議

到了最後一個階段，專案已經接近完成。把這個階段想成「還漏了什麼東西嗎？」的階段。可以表明你希望得到下列回應：

・文法／審稿／句型架構／格式的細節。
・針對上一個階段的建議檢討執行狀況。

此外，表明你目前不需要以下建議：
・拓展專案範圍的其他方法（除非是小調整）。
・對於整體專案概念的回饋意見。
・專案內各子項目「可行」或「不可行」。

• 是否與公司組織的整體目標一致。

資料來源：蘿倫‧沐恩，《避免海鷗效應：30 ／ 60 ／ 90回饋架構》，Trello 網誌，2018年6月4日。[39]

得到建議時，盡可能保持開放的態度。先放下自尊心，看看其他人的立場 —— 有時候建議者的出發點是希望團隊／組織可以更好。當然，若能用正面的用字遣詞包裝回饋內容最為理想，所以你自己在提出建議時，也要確保用詞和善並有實質幫助，這樣就能鼓勵他人採取相同做法（有效的回饋對生產力和團隊建造非常重要，第8章會再詳述）。

避免用文字解決衝突

開始出現摩擦時，避免繼續使用文字溝通，拿起電話、打開視訊。面對一個看不見的人很容易累積負面情緒；互動時若能見到對方的臉或聽見對方的聲音，會比較難預設或腦補對方帶有惡意。請克制想當鍵盤戰神的衝動，反過來努力建立彼此間的關係。

試著一對一解決衝突

同樣地，當你需要表達不滿時，不要使用群組聊天室這類的團隊討論區，私下解決。如果還是僵持不下再請主管出面。每個人的個人差異已經很棘手，不需要牽連其他人，造成尷尬或更糟的局面。

上一章已經談到，要當一個好的遠距同事需要付出很多努力。所以，就讓我們用遠距專家的建議來做個總結：

大方分享資訊和資源。

—— 思科系統專案管理經理哈桑‧奧斯曼 [40]

把重點放在做好工作。

　　——自雇產品經理費南多・加利多・瓦茲[41]

願意實驗、願意失敗。

　　——「人性化科技」（Human Side of Tech）職場創新家凡妮莎・蕭[42]

每天都要有進度。

　　——「桑納泰普」（Sonatype）敏捷教練傑弗瑞・赫斯[43]

彈性工作小提醒

● ● ●

如何達到雇主的期望

動力與自律
・早晨的活動要固定。
・穿著比照外出上班一樣。
・在工作專用空間工作。
・設定工作時間，並好好遵守。

生產力
・試試不同的時間管理／專案管理方法與應用程式。
・避免多工；一次專心做一件事。
・調整自己的工作步調：調節自己的精力，這樣才能提升耐力和頭腦靈敏度。
・確保你的工作環境可以提升而不是降低生產力。

如何照顧自己的需要
・集中精神、衝刺工作之後，要以適當的休息來平衡，休息時要活動身體。舉例來說，試試坐20分鐘、站8分鐘，接著活動2分鐘。
・別忘了好好享受你當初決定遠距時追求的小確幸。
・想想可以怎麼結合工作與生活，如何替工作以外的興趣安排時間。
・積極參與實體與線上社交生活，藉此戰勝孤獨感。

如何展現團隊精神

溝通與協作

- 練習良好的溝通禮儀。有些人建議一封郵件只能有一個主題或單一事項 —— 主旨欄應當避免文不對題,這樣方便日後搜尋。
- 練習正向溝通:大方釋出善意並預設對方是出於好意。
- 虛擬團隊的工作心態:相信其他人會完成份內的工作,宣傳自己的生產力,針對自己份內的工作拿出成果。

建立信任感並建立關係

- 要建立信任感就要做個可靠、穩定、公開透明的人;確保團隊同事知道你在做些什麼,知道怎麼聯絡你。
- 了解團隊同事,當個好相處的人,分享自己的點滴。
- 使用視訊工具進行線上社交活動:安排與同事視訊喝咖啡或是吃午餐的時間,規劃遊戲之夜。
- 盡可能實際見面聚會。
- 得到建議時敞開心胸。
- 解決衝突時,按耐想要宣洩強烈情緒的衝動。專注在有實質幫助的討論上 —— 最好打電話、視訊通話或當面溝通。

第 2 部

更多資源

●　●　●

針對個人的問卷：
你準備好採用彈性工作模式了嗎

● ● ●

> 遠距工作需要堅持、信賴、同理以及適應能力等特質。好在，只要願意付出一點努力，任何人都可以強化這些特質。
>
> ——Remote.co，克莉絲蒂・德保羅（Kristi DePaul）[1]

關於優秀的遠距工作者需具備的條件，有個非常明確的共識：不是所有人都適合遠距工作。有些人非常需要夥伴在身邊一起工作的氣氛，以及實際互動產生的連結。有些人則需要辦公室的組織架構以及埋頭苦幹的工作環境。有些人覺得有規定好的工作時程可以幫助他們上軌道。有些人經常需要額外的領導。有些人需要的社交互動，不是一整天的視訊通話可以滿足的。所以，不管你是計畫向老闆提出遠距申請，或是希望可以成為某間公司的遠距員工，都必須先了解自己是否已經準備好當神隊友，以及自己是否適合遠距工作模式。明白自己當下的狀態，就會知道接下來該做些什麼準備讓自己更好 —— 或是繼續在辦公室上班對你才是最好。

可以上 https://collaborationsuperpowers.com/extras 下載這份問卷，有WORD 與 PDF 兩種版本。

第一部分填答方式：回答下列問題（如果你喜歡紙本的觸感，可以使用上面提供的 WORD 檔或 PDF 檔列印紙本）。

第一部分

動力
- 你是否清楚自己想要遠距工作的所有原因？是／還不清楚
- 你是否清楚遠距工作可能的缺點？是／還不清楚
- 若答是，你是否自認你成功遠距的決心，足以彌補未來遠距工作可能面臨的挫折？是／還不清楚

科技條件：設備
- 是否有一種以上穩定的通訊方式可以聯繫你？是／尚未
- 你是否有適合打電話的安靜空間？是／尚未
- 你是否有快速穩定的電腦（桌上型或筆記型）？是／尚未
- 如果你有桌上型電腦，沒有筆記型電腦，之後若需要筆電，你可以準備嗎？是／尚不能
- 你是否有快速穩定的網路連線？是／尚未
- 你的工作會需要安全的網路連線嗎？是／還不需要
- 你是否有視訊鏡頭（大部分的筆記型電腦和螢幕都有內建）？是／尚未
- 你是否有頭戴式耳機麥克風？是／還沒有
- 你是否有適合視訊通話的專業背景？是／尚未
- 你會需要在旅行時工作嗎？是／尚不需要

根據你的情況，你可能會需要延長線、外接鍵盤、行動路由器、額外的螢幕、滑鼠、電源轉換器或延長線排插。

科技條件：使用知識
- 你認為自己具備足夠的手機知識嗎？是／尚未
- 如果遇到問題，是否能聯繫手機技術支援人員？是／尚不能
- 你認為自己具備足夠的電腦知識嗎？是／尚未

- 如果遇到問題，是否能聯繫電腦技術支援人員？是／尚不能
- 你是否不排斥傳簡訊？是／尚不能接受
- 你是否不排斥傳即時訊息？是／尚不能接受
- 你是否不排斥視訊會議？是／尚不能接受
- 你是否不討厭使用線上行事曆或類似的應用程式（Outlook、Mac Mail、谷歌行事曆等）？是／尚不能接受
- 根據 emote.co 於 2018 年初更新的一項調查，遠距友善公司最常使用的程式為：Basecamp、Google Chat、Pivotal Tracker、Skype、Slack（前身為 HipChat，後更名 Stride）、Trello 以及 Yammer。[2] 你是否不排拒使用這些程式？是／尚不能接受

良好的溝通能力
- 你是否有良好的電話溝通能力？是／尚未
- 你是否有良好的文字溝通能力？是／尚未
- 你是否有良好的視訊溝通能力？是／尚未
- 你通常多久回一次電話？
- 你通常多久回一次電子郵件？
- 你通常多久回一次簡訊？
- 你是否不排斥非同步群組訊息？是／尚不能接受
- 你是否與團隊成員或上司處於不同時區？是／尚未
- 若答是，你們會有幾小時的重疊工時？
- 你是否能留意同事的時區？是／尚未

良好的工作習慣
- 你是否是一個做事很有組織的人？是／尚未
- 你是否認為自己是個自律的人？是／尚未
- 你是否認為自己可以專心／不易分心？是／尚未
- 你是否擅長安排優先順序，做好時間管理？是／尚未
- 你是否曾使用專案／任務管理工具（管理自己的工作用，非與他人合

作）？是／尚未
- 你是否擅長維持工作動力？是／尚未
- 如果還不能，是否有什麼幫助自己維持工作動力的秘訣？是／尚未

解決問題／找出問題的能力
- 你是否認為自己有能力解決工作上發生的問題？是／尚未
- 如果還不能，你是否知道如何提升解決問題的能力？是／尚未
- 你是否能描述自己過去解決問題／找出問題的經驗？是／尚無法

遠距工作的經驗（或是運用遠距工作技術的經驗）
- 你是否有遠距工作相關經驗？（包含出差或偶爾在家工作，例如請病假或是在家等水管工的時候。）是／尚未
- 沒有遠距工作經驗的人請回答下列題目：
- 你是否有與遠距工作者或（短期）外包人員合作的經驗（也就是你在辦公室工作，但是合作對象不在辦公室）？是／否
- 你是否曾在辦公室工作，但聯絡辦公室同事時，比較常用電話或電子郵件，較少面對面討論（工作園區較大或是辦公室分別在不同樓層的公司較常見）？是／尚未
- 如果你沒有遠距工作相關經驗，你是否知道如何獲得遠距工作經驗？是／尚未

有遠距工作相關經驗的人請回答下列題目：
- 你是否知道遠距工作有哪些方面是你最喜歡的和最討厭的？是／尚未
- 你是否知道遠距工作對你而言的意義？是／尚未

獨立自主：主動積極／工作動力
- 你是否自認是自動自發的人？是／尚未
- 你是否自認是主動積極的溝通者？是／尚未
- 你是否自認是充滿好奇心的人？是／尚未

- 過去12個月中，你是否曾追求個人進步？是／尚未
- 你是否有工作以外的興趣？是／尚未
- 你是否有長期目標？是／尚未
- 你的工作經歷中，是否曾有公司內或跨公司的升遷？是／尚未
- 你是否曾經被過去的雇主重新雇用？是／尚未
- 你是否能在面對挫折或遇到困難時展現韌性？是／尚未

工作／生活之考量
- 你是否很難停止工作？是／尚未
- 一般而言，你是否有能力維持健康的工作生活平衡？是／尚未
- 為達到工作／生活平衡，你是否有喜歡的做法？是／尚未
- 你是否有可能耐不住寂寞？是／尚未
- 若是，你是否已有排解寂寞的方法？例如親朋好友，或是固定的運動、團體活動習慣或興趣？是／尚未
- 如果你還沒有前述的「豐富社交生活」，你覺得自己是否能開發社交生活？是／尚不能

重視團隊的工作態度
- 你是否有團隊工作經驗？是／尚未
- 你是否了解自己比較喜歡單打獨鬥或團隊工作？是／尚未
- 你是否願意隨時告知團隊成員自己正在做哪些工作？（也就是讓你的工作被看見，又稱「放聲工作法」）是／尚未
- 你是否願意告知團隊成員，在規定好的工作時間該如何聯絡你？是／尚未
- 你有放聲工作的經驗嗎？是／尚未
- 要讓他人知道你在做些什麼工作，你有自己喜歡的方式嗎？是／尚未
- 你是否有更新線上狀態的習慣？是／尚未
- 你是否熟悉用不同的通訊方式來取得不同類型的資訊？是／尚未

良好的團隊精神與人際關係
- 寫信、發簡訊或即時訊息時，你是否能保持正面口氣？是／尚未
- 你是否認為自己很好相處？是／尚未
- 你是否認為自己有善合作、樂於助人的特質？是／尚未
- 你是否能接納意見並作出實質改變？是／尚未
- 你是否能管理脾氣或情緒？是／尚未
- 你是否能描述上一次與同事產生誤會時的情況以及當時的處理方式？是／尚未

整體來說
- 你是否願意盡全力成為優秀的遠距工作者？是／尚未
- 你是否能向潛在雇主展現自己是個好員工？是／尚未

第二部分

　　現在讓我們要來整理一下前一個部份的答案。針對答案為「是」的題目，請用一句話描述或展現該特質。舉例來說：「我願意迅速回復所有訊息，確保專案順利進行。」針對答案為「尚未」的問題，用一句話寫下你該做些什麼才能真的把答案改成「是」（請至少完成適用你個人情況的題目）。回應的句子可以很簡單，像是「買了頭戴式耳機麥克風之後就可以做到了，明天就去買。」或是「我目前沒有合適的工作空間，但是這週過幾天我會研究一下共享工作空間的價格。」你的回答也可能稍微複雜些，好比「我不太擅長馬上回信，但我願意試試。」最重要的是誠實。如果你的答案是「我不想讓團隊所有人都知道我人在哪裡，或是隨時回報我在做些什麼。」那就直接這樣寫出來，不要假裝。這個練習的目的是要找出適用於你的方法，同時知道你願意做出哪些改變。

　　第二部分填答指示：針對這部份的練習，每題的答案要獨立分開，可以寫在方形小紙片或小紙卡上，也可以使用「電子小卡」，方便在螢幕上移動。

如果你喜歡紙張的觸感，可以寫在小卡上、手寫在一般紙上，也可以用電腦打字再列印出來（若選用上述兩種一般紙張的做法，可以把信紙折成兩欄或三欄；若是打字，也一樣分成兩欄或是三欄。最後照著欄線剪下每一題的答案。）

若你比較喜歡電子檔案，可使用Trello這類看板形式的專案管理工具。（若要採取上述方式，可以建立一個答案列表，接著把每一題的答案分別填在列表內的卡片上；最後你會得到一個超長的列表）。也可以使用OneNote，幫助你輕鬆把答案移到工作環境中的不同位置。

第三部分

填完第一部分每個問題的答案，然後完成第二部份之後，在你的數位桌面或是實體桌面上列出兩欄：一欄為「是」，一欄為「尚未」。（若使用Trello這類的專案管理看板，可以在答案列表的右側建立兩個新的列表：「是」和「尚未」）。接著逐項檢視你的回答，分別把答案移到「是」或「尚未」的欄位中。有些人可能會需要第三欄：「完全不考慮！」無論如何，誠實為上。

完成後，看看你目前處於什麼狀態。從每個欄位的答案數量可以看出自己是否準備好遠距工作了。如果你決定開始遠距工作，你就擁有了一份待辦事項清單，每一個「尚未」都是你在開始遠距前需要完成的事項（這也是為什麼你該試試Trello，它可以從專案開始到專案結束，以視覺方式呈現進度）。

現階段的練習於此告一段落；接下來的練習視個人情況，可能會花上一點時間。請開始處理你的「尚未」，每完成一項，就把該項移到「是」的欄位，並且重新寫下該項目的描述（如果你使用紙本，可以寫在小紙張或小紙卡的背面）。這次，針對該項目描述你具備的能力，例如：「需要技術協助時，我有當地技術人員的聯絡號碼。」

最後一點：為什麼需要替「是」的項目寫下自己具備的能力呢？因為**這些敘述在求職面試時是很好的回答，也可以寫入求職信中，或是以這些答案向老闆自薦**：「我喜歡在每天工作結束時用Slack發個簡短的動態更新，讓其他

人知道我在做些什麼 —— 這樣也可以幫助我釐清隔天上班時該先處理什麼。」有趣的是，雇主在找遠距員工時，最想要的特質幾乎都在這份練習當中，這樣，未來面試時若碰到相關的問題，你就已經做好了準備，可以好好展現你是遠距職位的最適人選。

　　恭喜你已經前進了一大步！

說服雇主（或團隊）

● ● ●

如果你想規劃彈性工作模式，而第一步是說服老闆，那麼你必須先完成前面的「你準備好遠距工作了嗎」問卷。這是因為你在問卷中回答「是」的項目都是說服老闆的籌碼；這些答案可以展現你在遠距工作這條路上，具備成功的能力（理想狀態是跟老闆討論遠距之前，你的「尚未」欄位已經沒剩幾項，或是已經清零）。

展開說服老闆的大計畫之前，我們先來回顧一下梅根‧M‧畢若的話，這次引述全文：

身為線上團隊成員，我必須自動自發，全神貫注，保持好奇，充滿彈性。最重要的是，要有合作精神。而在擔任管理虛擬團隊的企業家時，我就需要富有同理心，能察言觀色，有細膩的心思可以發現他人的需要，願意並有能力提供邁向成功需要的工具。不管是哪個角色，我都需要認識自己 —— 了解自己的技術、能力、長處以及弱點。[1]

可以想想，你的主管是否符合上述條件。你認為你的主管「富有同理心、能察言觀色、有細膩的心思可以發現他人的需要，願意並有能力可以提供邁向成功需要的工具」嗎？上列資訊可能有點太多，你沒辦法馬上知道答案，但是可以放在心上，慢慢觀察。

不論主管對你的提案反應如何，還是得花點時間從老闆的角度來思考遠距工作的可能性。生產力？信賴感？團隊士氣又該怎麼辦呢？從這些角度來看，你的目標就是要展現容易聯繫、回應迅速的特質，以及最重要的生產力。

另外還有一項重要考量：幾乎所有遠距專家都表示，工作團隊中只要有一人遠距，即便只是部分工時遠距，整個團隊就需要用所有成員都遠距的規格來運作。這個要求乍看有點強人所難，但是遠距團隊的工作模式確實比一般辦公室工作模式嚴謹 —— 因為遠距模式會需要所有人在工作時更有自覺。就算

只是告知他人在什麼時間用什麼方式可以聯絡到自己，以及自己正在做些什麼工作，都可以向他人展現自己認真工作的態度。

而現在的任務就是，把上述概念變成步驟。

首先，可以上 https://www.collaborationsuperpowers.com/extras 下載這份資料。

1. 為了徹底了解上司或團隊可能產生的疑慮，建議你閱讀第 5 章，尤其是該章內「開始遠距工作」的段落，以及第 7 章至第 9 章全文。一邊閱讀，一邊針對與自己目前工作狀態有關的段落，以及可能會需要用到的新方法、新工具做筆記（下面會更仔細解釋筆記方法）。
2. 擬定計畫初稿，寫下要讓遠距模式順利運作的話，需要做的事或需要的東西（這時「你準備好遠距工作了嗎？」問卷產出的待辦事項會很有幫助）。
3. 思考如何把所有工作量化。至少必須說明你要如何證明自己能完成任內工作。可以的話，想辦法證明遠距工作可以帶來附加價值。
4. 寫下你認為團隊需要做些什麼事（或需要些什麼東西），才能在你遠距工作時維持團隊現有的生產力。
5. 花點時間思考，團隊是否願意為了維持你的生產力做出必要的調整。
6. 如果你感覺很難說服團隊讓你遠距，那不妨聽聽團隊成員的意見：說說你的考量，問問他們對你的想法的接受程度。
7. 準備一份提案和時程表給上司，清楚說明下列事項：
- 為什麼讓你遠距工作這麼重要；你可以從中獲得哪些好處。不用不好意思承認自己想多花點時間陪伴家人或有其他個人考量。重點不在否認人類的需求，而是在展現你有強大的動力想讓遠距工作模式成功（也請繼續閱讀後面的項目）。
- 為了這項新挑戰，你做了哪些努力（見上列第 2 點）。
- 你如何向工作團隊證明自己能夠持續完成任內工作（見上列第 3 點）。
- 以團隊角度來看，如何讓遠距成功 —— 也許可以表示團隊已經同意嘗

試你的提案（見上列第4點至第6點）。

- 如何展開遠距工作。可以提出一段試行期間，這樣每個人都能實際看見讓你遠距辦公會發生什麼事。舉例來說，有些人建議在試水溫的第一階段維持在辦公室工作，但是每個人都要開始試用新的遠距通訊技術。一兩週之後，也許可以試著一週在家工作一天，持續兩週左右。最重要的是，要建立定期回報的習慣，檢視這種工作模式是否有待改進。

8. 安排時間與上司面談 —— 也許可以在面談時請上司與你一起閱讀提案，並準備好回答上司的問題。比較內向的人可能會想交出提案等待回應，但是這種做法可能會讓人苦等上司回應，坐立難安好幾個小時、好幾天、甚或好幾週。較堅定的做法可以展現自己想讓遠距成功的決心。

在家工作的父母

　　若你有小孩，又計畫在家工作，可以向上司表明你會和家人約法三章。明確向上司表示，你不會錯誤期待，不會以為一面在家工作還可以同時照顧家人。職涯發展專家布里・雷諾茲提到：「身為一個2歲娃的媽，在家工作時放孩子在旁邊不打擾工作，根本不可能。工作就是工作。你不會把2歲小孩帶去傳統辦公室上班，當然也不可能在家上班時讓他在身邊[2]。」

尋找遠距工作機會

● ● ●

尋找遠距工作機會沒什麼繁瑣的步驟，但也不是那麼容易。好在，只要真的能夠下定決心，決心就能帶你達到心之所向。

首先：如果你有餘裕思考職涯大方向，花點時間釐清自己究竟想要做什麼，根據你真正想要的來進行規劃。假使你沒有餘裕想這些問題，至少也要弄清楚自己為什麼想要遠距工作。釐清這點之後，找工作、申請工作就會比較有頭緒。必須讓雇主明白你了解自己，這是第一點。再來，你能拿出多好的工作表現。第三，你對這份工作並沒有懷抱錯誤的期待。

釐清雇主希望遠距員工具備哪些特質 —— 然後讓自己成為具備這些特質的員工。好在有一套詳盡的指導方針可以教你達成這個困難的目標，詳見第6章當中的「人才招募策略」以及「面試」等段落。從這些段落中可以看出，雇主最想找的條件是遠距工作的經驗，原因有二：雇主需要可以順利執行遠距工作模式的員工，再來，雇主需要真心喜歡遠距辦公的員工。問題在於：如何取得遠距工作經驗。關於這點，請見下方列表。

如何取得遠距工作經驗

　　這是個尷尬的窘境：你需要遠距工作經驗才能找到遠距工作，但是沒有遠距工作經驗就又找不到遠距工作。以下提供突破這個困境的一些方法。

- 熟悉遠距友善公司每天使用的遠距工具和應用程式。根據Remote.co，常用程式如下（以普遍性排序）：
  →即時通訊：Slack、Skype、Google Chat
  →專案管理：Trello、Pivotal Tracker、Basecamp
  →團隊協作：Slack, Yammer[2]
- 為了練習團隊協作時所使用的工具，尤其是聊天工具，可以找些朋友陪你一起練習 —— 最好找也可以從練習中獲益的朋友。
- 與其他遠距工作者交流。可以參考「虛擬團隊聊天室」（Vitual Team Talk：https://virtualteamtalk.com）。在當地的共同工作空間租個預算內的位子。尋求建議。
- 積極尋找短期遠距工作機會，可以考慮使用Fiverr.com、Freelancer.com，或Upwork.com等線上平台。
- 釐清雇主為什麼希望員工具備遠距工作經驗（如前述參考第6章的兩個段落）；開誠佈公向雇主表示你並沒有相關經驗，並解釋自己為什麼仍是這份工作的最適人選。因為你很了解自己的工作方式，而且你靠一己之力做了所有遠距相關準備 —— 還有你具備成功的決心。

創造自己的品牌。接下來把你的工作能力化成文字。也就是寫下幾個不同版本的提案，推銷你的價值。第一個版本寫三段，第二個版本一段，第三個版本只寫一句話 —— 短短幾個字也行。

在線上建立個人品牌。線上知名度非常重要，在社群媒體上不妨活躍一點（尤其是領英），以此呈現你的價值。如果你有足夠的工作或活動成果可以更新網誌更是需要網站，還可以建置一個個人網站。假若不然，至少可以在領英主頁上發表一些文章。

員工離職後，人資做的第一件事就是刪掉員工的信箱 —— 包含好幾G的資料、連結，以及員工這幾年累積的知識。然而，如果使用社群網路，你累積的一切還是得以保存下來：你的所有聯絡人以及對話紀錄仍可以供他人存取。
　　——panagenda 數據分析公司數位轉型暨數據分析顧問路易・蘇亞雷斯[3]

尋求協助。善用人脈，讓大家知道你在找工作。產品經理費南多・加利多・瓦茲表示：「找工作最快的方法就是口耳相傳。聽眾不用多，要對[4]。」

每天查看求職資源。申請所有吸引你、可以讓你展現能力的工作。可以參考我的「協作超能力」網站（https://www.collaborationsuperpowers.com/114-how-to-find-a-remote-job），從「如何找到遠距工作」網頁開始。

小心打著「在家工作」為幌子的詐騙行為。俗話說：如果看起來太完美，通常有詐。要你付費申請工作絕對有詐。不要提供你的密碼，相信自己的直覺。

2022 年提供遠距工作機會的百大公司 [1]

● ● ●

A Place for Mom	Cisco
Accruent	Citizens Bank
Achieve Test Prep	Concentrix
ADP	CrowdStrike
ADTRAV Travel Management	CSI Companies
Aerotek	CVS Health
Aetna	CyraCom
AFIRM	Dell
Alight Solutions	Education First (EF) Elastic.co
Amazon	Enterprise Holdings
American Express	EXL
Anthem, Inc.	Fiserv
Apex Systems	Gartner
Appen	GitHub
Auth0	GitLab
BCD Travel	GovernmentCIO
BELAY	Grand Canyon Education (GCE)
Boldly	Grand Canyon University (GCU)
BroadPath Healthcare Solutions	HashiCorp
CACI International	Haynes & Company
Cactus Communications CareCentrix	Hibu
Carlson Wagonlit Travel (CWT)	Hilton
Change Healthcare	Humana

Invitae

Jack Henry & Associates Jefferson Frank

Johnson & Johnson JPMorgan Chase

K12

Kaplan

Kelly Services

Kforce

Landi English

LanguageLine Solutions Leidos

Liberty Healthcare Lionbridge

Liveops

Magellan Health

Motion Recruitment Partners

Novartis

NTT Group

Parallon

PAREXEL

Paylocity

Pearson

Philips

PRA Health Sciences

Red Hat

Robert Half International

Salesforce

SAP

Science Applications International Corporation (SAIC)

Sodexo

Stryker

Sutherland

SYKES

Syneos Health

The Hartford

Thermo Fisher Scientific Transcom

TranscribeMe

TTEC

Twilio

U.S. Department of Commerce

Ultimate Software UnitedHealth Group

VIPKID

VMware

VocoVision

Wayfair

Wells Fargo

Williams-Sonoma

Working Solutions

World Travel Holdings

就去做吧……跨出這一步不可能不辛苦，但是只要溝通清楚、處理期待，就會容易得多。

——物聯網分析軟體製造商 Seeq 作業主任塔碧莎・柯里（Tabitha Colie）[1]

去做吧！過去可沒有現在這麼多資源可以幫助你克服遠距工作的挑戰，讓遠距工作更有效率。

——軟體服務公司 Groove 創辦人／執行長艾力克斯・特恩布爾（Alex Turnbull）[2]

成功的遠距團隊入門課程：
公司轉型與人才招募

● ● ●

> 花點時間研究遠距工作的好處，發展出一套遠距友善的公司文化。遠距模式成功的企業可以吸引到最優秀的團隊，不受地點限制。
>
> —— 聯合科技（Coalition Technologies）招聘專員嘉柏莉・彼特[3]
> （Gabrielle Pitre）

　　本書第 3 部的內容是針對已經決定採行遠距的公司或部門 —— 不論你現在是熱情滿點，或仍有一點猶豫。我們不會要你一頭栽進遠距，第 5 章會先告訴你如何打造「遠距優先」辦公室 —— 讓員工先一起經歷遠距模式的轉換，再實際脫離實體辦公室，接著討論實際開始遠距時需要注意的細節。你遲早需要雇用遠距員工，第 6 章提供招募策略以及面試、入職的相關建議。這兩章都附有「遠距工作實戰經驗談」，蒐集遠距友善公司的經驗，分享他們在實際開始遠距前內心的恐懼，討論層面包含「管理遠距團隊」（第章）以及「雇用遠距員工」（第 6 章）。遠距其實沒你想的那麼可怕。事實上，只要用對方式，一切都會很美好。

　　讓我們一起展開這場探險吧！

第 5 章

● ● ●

轉型遠距

　　成功的遠距工作環境需要雙方的努力：公司和員工都需要做足準備。」

——DoneDone 網誌鄭嘉偉（音譯，Ka Wai Cheung）[1]

　　對於還不確定是否該嘗試遠距工作的讀者，以下提供幾點最直接的建議。先不談維持競爭力和吸引頂尖人才這兩項好處，公司轉型「遠距優先」仍是明智之舉（意思是，公司組織至少要做足準備，讓員工在有特殊需求時，可以偶爾不進辦公室辦公，特別是有緊急情況時），原因有二。首先，不管員工生了什麼病、遇到塞車，天氣狀況不佳或什麼更糟的狀況，遠距優先公司的生產力一天都不會受到影響。第二，遠距優先工作模式更強大、更有效，這是大家一致的看法。簡言之，你替遠距模式做的準備工作，對公司的經營絕對大有助益，不論最後是否確實讓員工遠距。

　　「遠距優先」這個詞彙源自於早期的「行動優先」（mobile-first）。鄭嘉偉在網誌文章中談到，路克・洛伯斯基（Luke Wroblewski）在2009年首次提出網頁設計的「行動優先」概念時，行動網路發展已勢不可擋，平板裝置或是更普及的智慧型手機皆是 —— 在這個背景之下，舊式網頁設計除了美觀，實在找不到其他優點。

　　直接把桌機版網頁硬套用到行動裝置上，常常導致網頁難以操作。「行動優先」是先替行動裝置的基本功能設置裝置版網頁，接著再替功能較多的裝置

強化設計。「行動優先」不僅優化了行動裝置體驗，更加強了使用者最常使用的功能。

　　……公司可以決定把遠距員工硬塞到辦公室體制中，或是採取「遠距優先」模式：弄清楚公司可以從遠距員工身上獲得哪些好處，接著積極替辦公室員工加強遠距能力。

——DoneDone 網誌鄭嘉偉[2]

PayTrace公司對於「遠距優先」的看法

　　巴基・柯達拉普（Balki Kodarapu）在「我們如何建立遠距優先宣言」（How We Created a Remote-First Manifesto）一文中，提到遠距優先對PayTrace公司的意義。

　　遠距優先文化是：
- 所有會議都預設有Zoom視訊會議連結。
- 所有重要對話都在Slack、電子郵件或Confluence上進行。使用非預設軟體談話時，最後一定要把對話導回上述程式，這樣對大家都有好處。
- 努力確保遠距團隊成員可以定期回到實體辦公室，這樣團隊才有機會花時間好好實際相處。
- 相信我們的員工，讓每個員工自己決定要在家工作或在辦公室工作（若想保有屬於自己的辦公桌，一週至少要在辦公室工作2天）。

　　但是另一方面，遠距優先：
- 無法省略人與人之間的面對面交談，因為實際見面對組織有

益。我們唯一的要求只有重要對話和重大決定一定要使用 Slack、電子郵件或Confluence轉發給相關人員。

- 並非一定要雇用遠距員工；反之，PayTrace公司希望可以積極參與華盛頓州斯波坎市當地的企業／科技社群。
- 「隨時隨地的工作模式」不代表100％的工作彈性。有些部門或職位經常需要面對面協作，所以一些PayTrace員工必須於規定時間出現在總部辦公室[3]。

打造遠距優先辦公室

打造遠距優先辦公室就是做足準備，讓員工在發生意外或緊急狀況時，可以有效地在異地辦公。如同前述，遠距優先的最低門檻是提供員工穩定的科技（電話、電腦、寬頻網路連線），要有電話及電子郵件聯絡資訊，並且能夠以安全連線取得工作相關資料。

工具／設備

不在辦公室的人需要：

- 電話、電腦（桌上型或筆記型）、頭戴式耳機麥克風
- 外接螢幕和鍵盤（視需要）、視訊裝置
- 適合視訊的設置／空間／螢幕‧數據機（DSL ／無線網路／乙太網路等）
- 虛擬專用網路（virtual private network，VPN）
- 透過公司伺服器收發公司電子郵件（Outlook 或 Mac Mail 等）。
- 電話和電子郵件通訊錄
- 手上工作的相關資料

辦公室內需要：

- 適合視訊通話的安靜／隱密空間與視訊科技。
- 保留空間給偶爾需要進辦公室的遠距員工使用（無固定辦公桌，輪流使用，又稱hot desk，熱桌）。
- 保留空間供團隊協作時使用（如會議室）。

遠距工作的正確心態

員工在外工作時必需遵守嚴謹的工作程序，以便維持工作品質，對公司整體生產力有所貢獻。也就是說，公司需要花時間建立嚴謹的工作程序 —— 這樣才能替員工打造成功的遠距工作模式。為了達成這個目標，我們需要深入探討遠距工作模式的細節。

開始遠距工作

不要期望第一次就上手。遠距工作是充滿各種小嘗試與迭代試驗的過程。

—— 費威爾創新公司（Fewell Innovation）創辦人 總教練傑西·費威爾（Jesse Fewell）[4]

如同前述，遠距工作沒有一體適用的方法，萬靈丹並不存在。每個人、每間公司都需要藉著實驗，找出最能提升生產力的組合。

Remote.co網站提供非常豐富的資源，收錄了許多公司的遠距轉型經驗談。Toggl執行長／創辦人阿賴里·阿荷（Alari Aho）談到：「我們做了很多考量，列出遠距優缺點，與團隊成員聊過，也做了些研究。開啟遠距模式之後，也出現了很多疑惑，諸如如何在遠距時維持生產力，如何維持企業文化，如何管理分散團隊 —— 我們一起學習，一起邁向成功。最困難的還是改變工作心態，眾人必須同心協力[5]。」

而我的訪談中，位在印第安納州印第安納波利斯市的科技公司Formstack創辦人阿德‧歐隆諾（Ade Olonoh）表示：「公司創立7年後，我們決定轉型成遠距公司。2011年，我們聘用第一位遠距員工，這名員工是位在波蘭的開發師。沒過多久，我太太就得到了奧克拉荷馬州的工作機會，於是我開始嘗試遠距領導。後來因為幾次閒聊，談到其他團隊成員打算搬到別州的事，公司才正式決定採用遠距營運模式。過去幾位印第安納州當地員工現在都住在外州，也因為我們當初早就定好了遠距工作的方式，他們今天才能住在外地。我們從經驗和錯誤中學習，試過很多科技、通訊方式、最好的見面方式，以及其他相關事宜，而我們的遠距團隊每一天都在進步[6]。」

關於「從經驗和錯誤中學習」，請記住前人經驗談：就算只有一名遠距員工、就算不是全時遠距，最好還是採取整個團隊都遠距的工作模式。這個要求感覺有點強人所難，我也不想替打算遠距的你澆冷水。但我也不會騙你說這很容易，因為真的不容易。遠距團隊要成功，就需要所有相關人員齊心努力。儘管如此，不論雇用模式或工作地點，遠距工作模式都可以帶來益處 —— 辦公室員工若能從遠距模式獲得好處，對每個人來說都是好事。

再看看Sanborn數位創意公司的例子：「在步調極快、截止日緊迫的工作環境中，語言溝通是關鍵。我們知道，轉型遠距意味著文字溝通會大幅取代口語溝通。採取遠距工作模式就必須加強溝通紀錄，並且在溝通時盡量只講重點。我們在進行遠距溝通時主要使用專案管理軟體以及Slack。這種方式的好處在於便於追蹤管理。若有人中途加入專案，就可以馬上進入群組，了解前因後果、專案進度以及專案目的。整體而言，我們的遠距模式非常成功[7]。」網頁開發公司SitePen也提到：「要採取遠距工作模式，我們花了很多時間研究最有效的溝通方式，讓溝通內容得以清楚完整。我們現有的工具可以讓每個人都看見完整的協作內容，並且在每項工作上達成共識。電子郵件不再是主要溝通模式，所有工作相關事宜都使用專案管理工具來處理[8]。」

另一個常見建議則是：循序漸進。虛擬團隊顧問／轉型專家皮拉兒‧歐蒂建議：「團隊若打算轉型遠距，可以從一週一天開始，接著增加到一週兩天。也可以試試在辦公大樓內的其他辦公室工作。關鍵在於從小規模的實驗中學習[9]。」在Jobmonkey.com網頁上有一段話，特別建議那些不願採行遠距的

雇主：「慢慢讓員工由辦公室工作模式轉型至遠距工作模式，這樣就可以在放走員工之前，或是決定長期遠距之前，觀察員工的工作倫理[10]。」

業界實戰經驗談：管理遠距員工時，你最擔心的是什麼？

網站Remote.co訪問了135間「遠距友善」公司的遠距經驗，也把這些回應放分享在網站上[11]。以下是我從「管理遠距員工時，你最擔心的是什麼？」問答整理出的精華。

大部分公司都很怕「貓咪不在，老鼠就作怪」，尤其是針對生產力、責任感的問題，或無法聯繫到員工。好在，不少受訪者表示自己當初其實是白擔心一場。其他受訪者也幾乎都能提出解決這些問題的方式，其中最關鍵的是雇用認真負責的員工，確保這些員工能感覺自己被「賦予重任」，並創造有意義的職場文化。

我們發現，只要選用適當的員工，則他們的表現就能達到（甚至超越）你的期待，因為他們會把遠距工作視作寶貴的機會。當然，這條路上還是會出現些小問題，但是這些問題絕對不比我在辦公室模式看到的問題嚴重。

——Go Fish Digital 合作夥伴布萊恩・派特森（Brian Patterson）[12]

另外還有一些解決方式，包括主管的積極參與，例如設定清楚的績效目標並經常溝通（尤其是工作狀態回報）等。有些人則表示，改變心態才是解決之道。

我原先不太相信，員工在外能夠完成工作。但有人告訴我要「先信任，直到員工開始讓你不信任」，我的不信任感便很快就消散了。換句話說，在信任感被打破之前，要相信員工會把工作做好。這種心態改變了我的人生。

——Formstack 執行長克里斯・拜爾（Chris Byers）[13]

剛開始遠距時，特別是在公司擴編、需要聘請新員工的時候，我最擔心的就是員工不認真工作，會當薪水小偷。尤其是我看不見員工的時候，最容易出現這種擔憂。你會擔心員工根本沒在做事！事實其實不然。然而對我而言，遠距工作成功的關鍵在於告訴自己：不要一直想著要員工負責，不要一直逼他們提升生產力──反之，應該專注在另一個面向：鼓勵、支持員工，盡力讓員工感覺舒服。只要能顧到這些層面，生產力就會像無可避免的副作用一樣自己跑出來。

──Hanno 創辦人約翰・壘（Jon Lay）[14]

管理遠距員工時，你最擔心的是什麼？

百分比	答案
70	生產力、責任歸屬（工作質／量是否下滑）、聯繫
14	團隊幸福／連結／參與
8	聘用問題：資格評估
5	溝通（針對工作的優先順序）
3	「怕比想像中困難」
100	

　　請把上一題的答案，與以下另一題的答案做比較（雖然所有受訪公司的題組都是相同的，但不是每一間公司都回答了所有問題）。

百分比	答案
22	溝通：需要特別注意溝通的質與量，如此才能維持目標一致，並與團隊成員建立關係（此外，還要讀懂訊息的弦外之音）
15	支持：滿足員工的需求／關心每個人的需要
12	管理團隊生產力／工作動力
9	促進團隊建立
8	人際關係：培養主管與員工之間的感情
5	時程安排：跨時區問題
4	找到適任人才
4	要花更多時間才能發現問題
3	細節問題（例如公司擴編）
3	建立期望
3	保持公司文化的一致
2	跨國界管理：法律與規範、資訊科技等問題
2	確保主管能妥善管理遠距工作團隊
2	構思管理（ideation）
2	維持對員工的信任感
1	給員工自我管理的權力
1	與缺乏經驗的員工合作
1	有效的工作程序
1	不把距離看成問題，另覓他法處理距離問題
1	掌握遠距衍伸出的間接開銷
100	

由此可見，投入遠距工作前，管理階層最擔心的是員工的生產力，但是只有12％的填答者表示，實際實施遠距模式之後，「生產力」變成最難處理的問題。另一方面，雖然投入遠距模式前管理階層並不太擔心溝通問題，一旦團隊正式開始遠距，溝通就成了最主要的問題。而「團隊建立」和「聯絡感情」這兩件事，則跟管理階層一開始預期的一樣棘手。

還有一點：針對「管理遠距員工時，最困難的是什麼？」這個問題，許多受訪者的填答很有特色。上表中的最後幾項答案，每一項的人數比例最多都只有4％，這顯示管理遠距員工最重要的4個面向是：**生產力管理、支持員工、團隊建立**，以及最關鍵的**溝通**。好在有許多受訪者分享了他們在遇到這些困難時想出的解決方法[15]。這些寶貴的建議以及相關資訊都收錄在後面的章節中。

若要了解你的工作團隊或公司是否適合遠距模式，就必須假設自己已經決定要轉型遠距。而接下來該做哪些準備？後面的章節會針對兩種不同狀態的管理者，分成兩部份：下定決心採取遠距模式的管理者，以及還在考慮的管理者。第4部末尾「更多資源」中有份主管執行計畫，計畫書前半會先一步步帶著還在考慮的管理者做考量 —— 緊接著是供已經準備好開始遠距的管理者參考的執行步驟。

彈性工作小提醒

• • •

- 設立遠距優先辦公室，讓員工可以在發生意外或緊急狀況時，可以有效進行異地辦公。遠距優先辦公室的條件是提供員工穩定的科技（電話、電腦、寬頻網路連線），電話和電子信箱通訊錄，並以安全性連線存取相關文件和檔案。
- 遠距工作沒有一體適用的模式。每個個人、每間公司都需要藉著實驗找出最能提升生產力的方法。慢慢地逐步轉型通常是最有效的方法。
- 就算只有一名遠距員工，就算不是全時遠距，最好還是採取整個團隊都遠距的工作模式，因為遠距工作模式可以提升所有形式工作團隊的效率。
- Remote.co的調查中，將近80間公司一致認同「管理遠距工作團隊最困難的」是生產力管理、支持員工、團隊建立，以及溝通等事項。後面的章節會深入討論上述所有面向。

第 6 章

● ● ●

招募遠距員工與遠距團隊

> 盡可能及早招聘頂尖人才。與其請3個普通的人，不如請一個真的能幫助你的優秀員工。接下來要努力維持團隊品質。到頭來，這樣你才能專心建立事業 —— 而不是僅把公司顧好。
> —— 格林貝克境外稅務服務中心（Greenback Expat Tax Services）執行長凱莉・麥克奇岡（Carrie McKeegan）[1]

專家普遍建議聘用遠距人才，增添一名遠距員工也好，整個遠距工作團隊也行。關鍵在於制定完善的人才招聘政策，並採用嚴格的面試程序找到適任的人 —— 這個人不僅要能融入團隊，還要可以勝任遠距工作；接著用合適的入職訓練幫助這些員工邁向成功。

人才招募策略：員工需具備的條件

最佳的人才招募策略是列出理想團隊必須具備的所有條件，包括所有成員都需要具備的特質。如NanoTecNexus.org創辦人雅德莉安那・維拉所言：「雇用新人時，要知道如何篩選合適的履歷和工作心態[2]。」但是該怎麼找到合適的人選呢？起手式：選擇手邊最優秀的人才。

一間公司最慘的悲劇就是求才失誤。我有個客戶想要招聘更多新員

工。我看了申請者的履歷，發現這些求職者的條件都不適合，公司也知道這些人不夠優秀，但是卻不願意繼續尋覓合適的人才，他們說：「我們需要人！可以訓練他們！」但是，若是資格不符，再怎麼訓練也沒辦法做好該做的事。

—— 帕特摩斯人資顧問（Padmos HR Consultancy）負責人
德克-楊・帕特摩斯[3]

　　綜合整理了我的訪談以及將近一百份不同的資料，我列出招募新人時可以參考的8項重要特質[4]，這8項特質可以歸成兩類：技術類與心態類。論技術，熟悉科技並善於溝通的人最為適任。這些人通常也具備幾項關鍵的工作習慣：良好的統整能力、安排優先順序的能力，以及妥善管理時間的能力。此外，如果還具備獨立解決問題／找出問題的能力又更好，附帶遠距工作經驗更是理想。

　　至於心態，關鍵在於主動積極。員工也必須具備重視團隊的工作態度：可靠、具備成果導向的工作心態，並能及時回覆。良好的團隊精神也是必備：好相處、善合作、樂於助人並能接受別人的建議。

優秀的遠距工作者最重要的特質

技能組合
- 熟悉科技（技能組合以及硬體設備）。
- 善於溝通。
- 有良好的工作習慣：按部就班，懂得安排優先順序，妥善管理時間。
- 善於解決問題／找出問題。
- 已有遠距工作經驗。

工作心態

- 主動積極：獨立自主、自動自發。
- 重視團隊的工作態度：可靠、具備成果導向的工作心態、能及時回覆。
- 擁有良好的團隊精神：好相處、善合作、能協助他人、能接受別人的建議。

　　現在就讓我們針對上述各點逐項討論。而本章稍後的「面試」段落會談到，可以使用哪些方法來確定應試者具備合適的技能與特質。

　　就技能來說，首先，遠距工作者必須要有足夠的科技知識才能勝任遠距職務。有些人可能認為，對某些產業來說，只要懂得使用電話和電子郵件就夠了，但還是要注意，只要你要求具備一定程度的團隊精神，那就必須採用視訊通話，會有很大的幫助。因此，若遠距成員沒有足夠的視訊通話設備，就會對團隊不利。我的訪談中發現，兩種最糟的情況是：團隊成員不願意使用視訊，以及使用視訊時不夠專業。我們**強烈建議在通話時打開視訊。有些機構也會整天開著視訊，藉此增加團隊成員間的親密感** —— 哪怕大家在做的是自己的工作。

　　其次，**良好的寫作和溝通技巧也很重要**，因為遠距溝通大多仰賴電子郵件與即時通訊軟體，不善文字的員工可能會拖慢整個團隊 —— 善於使用文字的員工則能使溝通無礙。

　　良好的工作習慣有很多種，但是遠距職位最重要的工作習慣有三。第一，**遠距工作者必須有條不紊**。多數辦公室的設計是為了提升組織內的效率，所以遠距工作者必須在自己喜歡的工作環境（例如家中）裡，展現與辦公室相同的工作效率。第二，**遠距工作者必須安排事情的優先順序**，包含該先做

哪些工作，也要替公事以外的事務安排順序。第三，**遠距工作者必須具備良好的時間管理技巧**——因對遠距工作者來說，在截止日前完成工作尤其重要。為什麼呢？因為遠距員工必須讓大家知道他確實完成了工作。

　　並非所有公司或機構都要求員工具備最後兩項技能（優先順序、時間管理），但這兩項技能對某些公司或機構來說卻非常關鍵。許多機構仰賴團隊成員獨立找出問題的能力——至少要能在問題浮現的當下，拿出當機立斷解決問題的能力。希歐法・布拉特（Siofra Pratt）在替「社會人才」（SocialTalent）的撰寫的文章中提到：「優秀的遠距工作者在解決問題／找出問題的表現上也很優秀。遇到問題時，他們會主動尋找解決方法，這對他們來說也並非難事。話雖如此，他們也很清楚什麼時候自己解決比較快，什麼時候又該向其他人尋求協助[5]。」也有其他相關資料提到，團隊成員必須具備自主做出決定的能力，例如某個問題浮現時，在團隊其他成員加入討論之前，先做出決定。

✎

　　至於從遠距工作者的工作心態來說，一般公司企業最強調的，則是「獨立自主」、「自動自發」這類主動積極的特質。

　　我想找不需要帶領的人，也就是自動自發、可靠的人。與其找合適的資歷，我寧可找合適的人格特質。有些人在技術層面也許不那麼適任，但若適合我們的工作文化，又能積極解決我們請他來解決的問題，我就會錄用。

——阿米諾支付（Amino Payments）工程部資深副總（SVP）

傑瑞米・史坦頓[6]

　　不要雇用整天等著聽命行事的人。團隊成員必須自動自發，知道什麼時候該尋求協助，什麼時候又該自己想辦法。

——格林貝克海外國人稅務服務中心（Greenback Expat Tax Services）

蘭斯‧沃利（Lance Walley）在 Chargify 的 Bullring 網誌文章中提到，光是「有執行力，能動手去做」，還不算是主動積極、自動自發的人，要能「完成工作」才是重點[8]——在面試新人時，可以想辦法釐清面試者是否具備這樣的特質。切記，通常就算是自動自發的人，仍需要合適的入職訓練，不能放他們自生自滅（後面會再詳細討論入職訓練）。

心態層面的其他特質，則與團隊氛圍有關。雖然這些特質本來就是高效團隊成員的必備條件，但當工作團隊中有人遠距，哪怕只有一人，這些特質就更顯重要。理想的新進成員需具備重視團隊的工作態度，換句話說，他們必須具備可靠、成果導向工作心態，能及時回覆等特質。另外，從人際關係的層面來看，優秀的求職者也具備團隊精神：他們（至少要）好相處、喜歡與他人合作、樂於幫助團隊其他成員，並能接受別人的建議。

如上一章所述，Remote.co 在網站上分享了135間遠距友善公司（有部分分散公司也有完全分散公司）針對一系列問題的回答。論到聘用遠距員工，很公司很重視應徵者的遠距經驗，理由是效率與性格。但是也有公司更重視文化適性。舉例來說，產品設計工作室 Melewi 就表示「價值與態度適性」比特定技術更加重要，至於技術方面，他們非常願意提供訓練。開發者仲介公司 X-Team 表示：「我們寧可花時間舉辦訓練，也不要雇用平庸的人才，就算他有遠距經驗。要有耐性，讓缺乏經驗的人有犯錯的機會，讓他們從跌倒的地方站起來[9]。」旅行服務供應商 AirTreks 從人資的角度提出了具體建議：「我們在招聘程序上加入了一些步驟：討論核心價值、聯絡推薦人、用提問來過濾不合群的人[10]。」無論如何，很多公司認為試用期對應徵者和公司都有好處。

業界實戰經驗談：為什麼害怕雇用遠距員工

就算有了嚴謹的招聘程序，有些公司還是覺得雇用遠距員工有其風險。但是別忘了：Remote.com的調查當中，填答的135間遠距友善公司一致認為遠距工作是好事。

而提到遠距工作，企業界最擔心的就是人才招募。WordPress託管商Pagely提到：「無法實際見到某些人，意味著我們必須更仰賴推薦人以及直覺來篩選應試者。」然而，「請到冒牌貨的問題目前尚未發生。」（引述自數位策略師羅德・奧斯丁Rod Austin）。

遠距人才仲介公司「工作解決方案」（Working Solution）的客戶在找遠距員工時，最擔心的就是生產力、溝通、積極度的問題。然而，在將近20年中，他們成功媒合的遠距工作者很少出現問題。人才管理副總克莉絲汀・坎爾（Kristin Kanger）認為，能有這樣令人滿意的成果，是因為團隊成員很珍惜遠距工作替他們帶來的好處[11]。

當然，這並不表示受訪的135間公司請到的每一個遠距員工都很適任，而是這些公司都能找到適合公司需求的招聘策略。稍後我們也會在列表中提到招募短期零工的原則。這些原則可以幫助我們了解怎樣的招聘策略最適合自己。

雖然我們已經從將近100份資料中整理出優秀遠距員工的常見特質，但其實還有更多訣竅可以幫助你找到最適人選[12]。

具備**熱情與工作動力**，是很受公司歡迎的特質，從另一面來看，具備這種特質的員工，可以為整個團隊中注入熱情。Retrium執行長大衛・霍羅威茨提到：「有熱忱的人，哪怕稍微缺乏技術知識，仍比技術熟練但只把這個職務

看成一份工作的人更適合你的公司。招募人才時，我一向選擇聘用前者[13]。」沒錯，對工作有熱忱的人，做起事來有始有終 —— 樂觀積極的態度也能感染其他人。（雖然霍羅威茨大力推崇工作熱忱，他也並未否定具備科技知識的應徵者，他強調的是：「稍微缺乏」技術知識）。

網誌文章〈小企業邁向成功的聘用與解雇之道〉（Hiring & Firing for Small Business Success）當中，蘭斯·沃利用過去25年間，在9間小公司的工作經驗，整理出75人以下的小規模團隊在進用人才時應該注意的特質（以及需要避免的特質）。關於熱忱型的人才，沃利補充說明：理想的員工不僅會為了維持競爭力拓展自己的技能組合，還會更進一步在個人層面自我精進，因為這些人是真心喜歡學習。這類型的人還有另一個重要特色：他們抱持正面積極的工作心態，意味著他們是樂觀的人，不是悲觀的人。相信凡事都有辦法解決的人可以替團隊帶來創意、提高生產力；反之，害怕冒險的悲觀主義者常在還未仔細考慮相關建議的時候，就把建議拒於門外。這並不是叫你找個過度樂觀天真的人加入工作團隊，而是要找具有好奇心、想知道門後有什麼的人，而不是想把門關上的人。

沃利用兩個小提醒來替他的建議作結。首先，待人要友善。第二：「你可以組織一個優秀的團隊，但是優秀的團隊要拿出優秀的表現，還需要有人領導以及共同的目標[14]。」我們會在後面的章節中談到領導以及共同目標，至於現在，讓我們先來組織優秀的團隊。

人才招募與時區問題

如果你公司的職缺需要一定程度的即時互動或是同步回應（也就是團隊成員需要其他成員同步的資訊及指示），在雇用遠距員工時，可以把時區納入考量，選用和團隊成員位在相同時區的應徵者，或至少是工時與團隊所在時區大幅重疊的應徵者。

管理顧問約翰娜·羅斯曼（Johanna Rothman）說：「地域分散

團隊的問世是為了節省開銷。這類團隊通常分別位在東西兩處，也就是測試者在東，開發者在西。但是要『追日工作』，這種方法其實不對，產品開發產業就更行不通了。」

妥善組織工作團隊才能有效「追日工作」。舉例來說，在一天的工作結束時，位在河內的團隊可以把工作交接給倫敦辦公室的同事檢查。倫敦的同事可以再接著把檢查完的工作交接給加州執行。河內團隊到第二天上班時，這項工作已經走了一輪回到他們手中，準備好開啟下一個階段。

這種工作循環看似理想，事實上，流程可不是那麼俐落。假如河內的團隊出現問題，只有加州的同事可以回答（這很可能發生），就得等上整整一天才能得到回覆。這類情形只要發生幾次，就會拖慢整體工作進度。旅遊規劃公司 AirTrek 發現，團隊時差問題會導致無法召開重要會議[15]。

為要解決這個問題，有些公司開始嘗試「南北向」工作團隊：所有團隊成員都位在相同時區，如此一來，團隊就可以好好把關專案進度，工作品質也能因此有所提升。最終公司仍可以靠人力外包節省開銷 —— 並且不用犧牲進度或品質。

面試：如何篩選具備遠距特質的人才

遠距工作不見得適合所有人。遠距團隊要成功，一個重要關鍵是準確找到可以勝任遠距的人才。

——Chargify 內容與搜尋行銷主管凱特・哈維（Kate Harvey）[16]

所以到底該如何「準確找到」最優秀的人才呢？先弄清楚你需要的確切特質，接著朝這個方向設計面試，這樣就可以妥善評估應徵者是否能勝任該職位 —— 甚至可以在面試時使用遠距團隊每天會用到的溝通工具。

以下舉出高階主管／公司負責人德瑞克・史庫格的分享為例：

面試遠距員工的時候要注意很多小細節。假設你在安排面試時間 —— 他們能意識到時區問題嗎？他們能準時上線嗎？他們習慣使用視訊嗎？可以從這些細節看出應徵者是否能習慣遠距工作。[17]

執行長凱莉・麥克奇岡也同意這個看法：

起初我把遠距團隊累積的科技知識視為理所當然，而我們當時也不知道該怎麼測試應徵者。現在我會用視訊進行面試，這樣能幫助我了解求職者的專業能力。我曾經面試過一些人，有的不知道視訊背景出現了不合適的東西，有的身後有小孩在尖叫、亂跑。這些資訊可以幫助我清楚了解哪些求職者不擅線上工作。[18]

關鍵在於，不論是什麼職位，新進員工都要先經歷一段陡峭的學習曲線，所以必須確保新人至少已經具備「如何遠距工作」的相關知識。

同理，因為溝通是團隊合作的關鍵，「活力文字」（Zingword）共同創辦人羅伯特・羅吉也建議，在面試階段測試求職者是否能適應該職務需要的溝通模式。也就是說，你可以使用公司常用的各種不同媒體（電子郵件、視訊、應用程式等）來面試求職者。最好在一開始就弄清楚求職者是否能無縫接軌團隊的既有溝通模式。

我自己在面試新人時也會這樣做。我在實際與求職者見面之前，會先請對方錄製一段五分鐘的影片，用影片回答一些問題。看過面試影片後，我就大約有個概念，知道該求職者是否能勝任這份遠距工作。

如何面試遠距職務應徵者？

Remote.co問卷的題目「如何面試遠距職務應徵者？」當中，有85％的遠距友善公司填答[19]。它們都認為，遠距職務一樣可以採用辦公室職務的面

試方式：打電話、寫題目、面談。唯一的差別在於，遠距職務面試時使用視訊，無須實際見面。下表整理了遠距友善公司針對該題的填答。

如何替遠距職務進行面試？

百分比*	回覆內容
84	雙向視訊即時面談
31	填寫問卷或練習題
28	經過數次視訊面試
27	實際見面面試
25	透過打電話
14	給薪試用期
14	人資／招聘主管的推薦
5	簡訊對話
4	團隊的共享筆記
2	請求職者錄製影片回答問題

*註：面試時可能不只使用一種方法，所以百分比加總不是一百。

公司內若已有資深遠距員工，可以請他們協助設計問卷，測試求職者是否能勝任遠距工作。舉個例子：「你最喜歡的工具是什麼？」（或是更內行的問題：「說說你要如何進行放聲工作法」）。這類問題會讓假裝自己身經百戰的人馬上露出馬腳。同樣，針對「關於遠距工作，你最喜歡的跟最不喜歡的地方分別是？」的回答是否仔細，也很容易看出端倪。此外，像是「你如何排解寂寞？」這類問題（假定寂寞為既定事實）也可以提供不少資訊。關鍵在

於，求職者在展現過去的遠距經驗以及個人對遠距工作生活模式的感受時，能回答多少細節。此外，弄清楚自己最優秀的遠距員工在回答這些問題的時候會寫下什麼答案，也可以幫助你替團隊找到優秀的生力軍。（緊接在本章後面，第3部末尾「更多資源」中的關於「人才招募」會列出更多類似的面試題目）。

先把工作模式弄清楚，招募新人時就會更順利。
——FlexProfessional, LLC 共同創辦人／合作夥伴希拉‧墨非（Sheila Murphy）[20]

招聘短期約聘人員

前幾頁的「業界實戰經驗談：為什麼害怕雇用遠距員工」當中我們見到，雇主非常擔心要雇用「看不見的員工」。舉例來說：

我覺得我最害怕的是聯絡不到人。時不時就會有人忽然消失——不回信、不接電話，其他聯絡方式也聯絡不上。每次發生這種事我就會心想：「這人是死了還是只是個怪人？」
——「就愛知道」（Love to Know）內容策略（content strategy）執行長安‧麥克唐納（Ann MacDonald）[21]

要弄清楚最適合自己的招募與聘用策略，可以先從短期合作的方式開始。舉例來說，你可以：
- 用視訊面試，面試時討論你對員工的期望。
- 寄一份書面確認信給通過面試的求職者，列出協議事項：該完成的工作、完成工作的時間、如何繳交工作。最重要的是：清楚標明溝通程度上的需求，包含回覆時間、狀態更新

等。

- 提供完成工作需要使用的文件、連結、指導手冊、通訊錄以及其他相關資料。
- 在第一次截止日的前幾天主動確認專案進度（這個步驟有兩個好處：主動確認工作進度可以減輕焦慮，也可以表現出你認真看待這項工作 —— 藉此提醒接案者也拿出一樣的認真態度）。
- 提出具體的建議。

　　如果你的產業目前沒有短期工作機會，可以試著替某些特定任務聘用短期人員，例如撰寫通訊、設計小規模的行銷活動、逐字稿聽打、做研究，或是會議相關事務。

入職訓練：幫助新人邁向卓越

　　規劃完善的入職訓練很重要，訓練程序必須公開透明。
　　—— 阿米諾支付（Amino Payments）工程部資深副總傑瑞米‧史坦頓[22]

　　完善的人才招募策略也包含入職訓練。公司在成長階段根據制定好的計畫按部就班執行，可以將風險和不確定性降至最低，同時也能讓轉型過程順利又有效率。最重要的是，有效的入職訓練不但能說明你對新進員工的期望，也可以幫助他們融入團隊。

　　或許有人可能會覺得這是廢話，然而實際上，很多公司並沒有入職訓練的相關規劃。正如傑瑞米‧史坦頓所言：「許多公司就是在入職訓練這一環犯了錯。他們心想『已經面試過了，希望這個人可以勝任。』就沒有後續了[23]。」要成功可不能這樣想。

　　舉個例子，多年前荷蘭有間公司錄用了我（雖然這個例子是辦公室職

位，但也適用於遠距模式），上任第一天的交接就只是把我帶到我的電腦桌——而且我的位子還沒有椅子，也沒有螢幕。沒有人告訴我什麼事該怎麼做，就放我自生自滅。這種方式根本不會讓我有動力立刻開始處理我被請來處理的事——想想，換作遠距工作，入職時若也是相同情況，是否又更沒動力了。

「即興效應」（Improv Effect）的老闆暨創辦人傑西・施特恩舒斯（Jessie Shternshus）總是以長遠的眼光來看待每一位新進員工：「替新進員工做入職訓練時，要想想你為了吸引這個人來替你工作時，你提出的價值主張（value proposition）。你要怎麼在他一上任、甚或是上任前，就兌現這些價值主張呢[24]？」是啊，該怎麼做呢？

謹慎的入職訓練可以幫助新成員快速融入團隊、開始工作。要達成這個目標，就必須做到：

- 迎新要周到大氣。
- 讓新進員工機會好好認識團隊成員，也讓團隊成員好好歡迎新成員。
- 提供新進員工需要知道的公司相關資訊。
- 設定具體的期望。

首先，如自雇創意協作經紀人伊夫・漢諾所言：「要讓人覺得溫馨。你聘這些人是因為你認為他們適合你的職缺。花點力氣介紹新人給同事認識，帶他們熟悉環境。許多公司沒做到這個步驟[25]。」這項建議主要關乎第一印象。多數新進員工其實不太確定上任後會發生什麼事，所以第一印象會相當深刻。請幫助他們喜歡這份工作，讓他們想要為公司的未來貢獻己力。

接著，介紹新進員工給團隊成員認識，團隊成員也應熱烈歡迎。同時管理三國工作團隊的敏捷教練萊恩・范・魯斯麥倫建議，指派學長姐帶新進員工熟悉環境。網路開發公司Automattic在這方面的表現相當出色，他們會在新進員工加入時，指派相同時區的學長姐負責輔導，新人對公司運作方式有問題時就有固定的人可以問，或只想聊天也有人可以聊[26]。美國航太總署也是一樣，他們會指派一名技術支援人員給新進科學家，這樣新人就知道遇到問題可以向誰求助。網路應用程式顧問團隊Bitovi的做法又更徹底：「我們發現替新

進員工做入職訓練的最佳時機，是舉辦全公司的大規模活動之前，這樣新進員工就有機會在上任頭一兩個月就見到整個團隊。我們收到的意見回饋中，常有人表示公司活動是讓新人馬上產生團隊歸屬感的最佳方法[27]。」

再來，提供相關資訊：提供新進員工公司文化與作業流程的相關資料，可以整理成一份歡迎資料夾。但是要注意，一定要把這個步驟設計成迎新的一部分，公司網站上的一般資訊不夠個人化，也很難讓新進員工產生動力立刻開始工作。

最後，多數新進員工不會馬上就一頭栽進去工作，他們通常會先等待指示，所以一定要清楚表達公司對新進員工的期望，以及他們需要額外協助時，可以在哪些時間向誰求助。卡關的員工在確定該怎麼做之前是不會動手的（就像我當時在荷蘭辦公室一樣）。

舉個例子，我是全球專業快樂協會「快樂梅利」的遠距團隊主管。新進員工上任頭兩個禮拜，我們會提供一份任務清單，其中包含安排與團隊成員的線上咖啡時光、開始使用Google Drive檔案夾，以及學會開請款單。有了明確的任務以及完成任務的方法，新進員工就能邁向成功。明確的期望就是可以測量的目標。所以設定期望也可以馬上明白新進員工的才華和態度是否適合這個職缺 —— 如此便可以儘早知道新進員工是否適任。

從另一個角度來看，入職訓練需要團隊整體的付出。快樂梅利使用Trello看板（見下圖），所有成員都可以在看板上自由發表。受訓中的新進員工也會加入看板，在其他成員陪同之下一起完成入職訓練。團隊付出之所以重要，是因為新進員工不只是一名新同仁，一旦有新人加入團隊，整個團隊就成了一個新的團隊。團隊成員的所有技能與人格特質會構成一個新的組合，每個人都會需要花點時間適應。

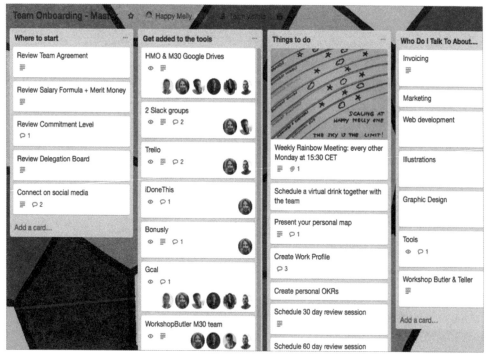

快樂梅利 Trello 看板入職訓練畫面（快樂梅利）

離職程序

　　有入職就有離職，有人離開團隊時，就需要把相同的程序倒過來走一遍。這是因為少了一個成員的團隊，就是會變成一個新的團隊，也需要花時間適應。入職需要計畫，同樣地，離職最好也要有規劃。有人離職時，快樂梅利會在團隊成員離開前和離開後進行「送別程序」。

　　成員離職前，團隊會先處理好交接事宜，規劃歡送會，並準備禮物。此外還有離職面談，快樂梅利的離職面談叫做「歡送聊天室」（Farewell Chat），讓幾名團隊成員在預錄好的影片中，提出以下問

題：

- 與我們共事，你最喜歡／最不喜歡的是？
- 你最喜歡／最不喜歡的工作流程是？
- 我們的工作文化中，有哪些是可以延伸或改善的？
- 在你未來的規劃中，有哪些好處是在我們團隊中無法得到的？

團隊成員離職後，歡送聊天室的內容會上傳至Google Drive，其他成員必須在一週內看完。接著我們會在下一次團隊會議時，討論各自從影片中學到了哪些功課。最後，我們會上Trello的入職訓練頁面，從公司的應用程式移除並刪掉離職員工的社交媒體檔案等。

在本章的末尾，我們最後引用Remote.co問答網頁上的一段話來做總結：管理遠距工作員工時，最困難的是什麼？「霧溪軟體公司」（Fog Creek Software）人資暨營運副總艾麗・史瓦茲（Allie Schwartz）的回應如下：「只要和遠距員工有良好穩固的關係，管理遠距團隊並沒有那麼難。在入職訓練就要開始建立關係……若能建立起員工和主管間的信賴，未來管理遠距團隊就會變得容易[28]。」

彈性工作小提醒

• • •

人才招募
- 制定縝密的人才招募策略，明列重點項目以及完成這些項目會需要的條件。
- 記得，理想的員工通常都能主動溝通、具備足夠的科技知識，並對工作充滿熱忱。

面試
- 面試時要清楚自己希望求職者擅長的事項。
- 使用公司常用的媒介（電子郵件、視訊、應用程式等）來進行面試。

入職訓練
- 規劃完善、透明公開的入職訓練可以幫助新進員工融入團隊，並且更快開始工作。
- 入職訓練要有周到大氣的迎新、要清楚表達你對員工的期望，並讓新進員工有機會認識團隊成員並熟悉公司事物。
- 每個成員在團隊中都有一席特殊的地位，所以不論是有人加入或有人離開，都會需要團隊整體的參與，一起適應改變。

第 3 部

更多資源

● ● ●

進用新人檢查表：關於人才招募，
以及評估求職者的問題範例

● ● ●

科技熟悉度

求職者最好具備：

- 穩定的網路連線，不會忽然斷線。
- 高品質麥克風 —— 這樣對方才能清楚聽到你的聲音。
- 好的喇叭 —— 這樣你才能清楚聽到對方的聲音。
- 適合視訊通話的空間。
- 線上應用程式、視訊會議以及即時通訊設備與通訊協定。

良好的溝通能力

- 應試過程中，評估求職者的口語應對（在電話和視訊中）以及文字回應（從求職信、電子郵件、簡訊、即時通訊可以看出）是否理想 —— 若有指派任務，也可藉任務來評估。

良好的工作習慣

可以評估求職者的：

- 統整能力 —— 可以用「描述你的工作環境」、「你通常如何展開一天的工作？怎麼決定一天的第一件工作或第一件事？」這類問題來評估。
- 專案管理能力 —— 可以用「你使用過哪些專案管理工具？最喜歡哪一個？原因是？」這類問題來評估。
- 優先順序／時間管理策略 —— 針對這點，可以給求職者一份很雜的當日或當週待辦事項，請求職者安排處理順序並說明原因。

解決問題／找出問題的能力

- 面試時，我喜歡描述一個棘手的情況，請應試者回答該怎麼處理，或是在面試結束後出一個難題，請應試者回去思考後再回覆我他們的處理程序。同樣，《熱情創業家》（Entrepreneur on Fire）網路廣播節目也會問所有來賓以下問題：「假如明早醒來，你具備的經歷和知識都還在，但是你的公司憑空消失了，你被迫要從頭開始找事做 —— 你會做什麼呢[1]？」這個問題讓我們可以大致了解企業家來賓的思考方式。針對你的產業提出類似問題，可能會得到一些不錯的答案。
- 指派小任務讓求職者完成。舉例來說，可以請程式設計師寫一個小程式，請行銷人員撰寫一篇新聞稿，請線上助理安排專案待辦事項並分派工作等。可以從求職者在該任務上的表現，大致推斷他們在這份工作上的整體表現。

過去的遠距工作經驗

可以參考以下問題：
- 遠距工作中，你最喜歡／最不喜歡的是？
- 你如何排解寂寞？
- 對你來說，遠距工作的意義在於？（這個題目可能可以引導求職者回答出情境動機，例如：「把通勤時間拿來陪伴家人」—— 由此便可看出求職者願意努力讓遠距模式成功。該題或類似題目也可能引出一些富有哲理的想法，藉此看出求職者是否具備豐富的遠距工作經驗）。

獨立自主：主動積極／工作動力

可以考慮下列資歷：
- 工作史：是否曾在部門內升遷或跨公司升遷？是否曾被過去的雇主重新聘用？
- 是否有工作以外的興趣？是否有長遠的目標？是否追求個人進步？
- 是否有替自己提升動力的妙方？
- 是否曾在面對挫折或困難時，展現不屈不撓的韌性？

良好的團隊精神與人際關係

求職者最好能夠：

- 好相處。
- 展現協作、助人的精神。
- 接受他人建議並做出改變。

可以參考以下問題：

- 描述上一次與同事產生誤會時的情況，以及你的解決方式。
- 他人與你共事時，最喜歡／最討厭的是？

重視團隊的工作態度

可以參考以下問題：

- 你是否願意讓其他人看到自己的工作？請解說你如何放聲工作。你是否能接受不同的做事方法？
- 你認為什麼情況適合使用電子郵件？傳送工作上各種不同類型的資訊，你會選用哪些工具？

最後，還要留意求職者是否

- 能夠在應徵和面試過程中迅速回應各種訊息。

完全遠距工作宣言

● ● ●

節錄自GitLab發表的「完全遠距工作宣言」[1]，可見https://remoteonly.org

完全遠距工作提倡：

- 雇用來自世界各地的員工，在世界各地工作，取代集中工作模式。
- 彈性工時取代固定工時。
- 以文字或錄音解釋知識，取代口頭解釋。
- 以文字記錄訓練內容，取代現場訓練。
- 公開分享資訊，取代傳統的「限閱」原則（need-to-know）。
- 開放所有文件都讓他人修改，取代上至下的文件控管模式。
- 非同步溝通模式取代同步溝通模式。
- 成果導向取代時數導向。
- 正式溝通管道取代非正式溝通管道。

雖然在同一個時間、地點集中工作的模式有時也很有價值，我們最終還是偏好完全遠距模式。

完全遠距工作模式並非：

- 「遠距友善」而已。更是「完全、徹底」遠距。完全遠距工作模式不會有主要辦公室或總部，讓員工們在裡面上班。
- 獨立於他人單打獨鬥。完全遠距員工需要大量的合作與溝通 —— 只是以遠距模式進行。
- 取代人與人之間的互動。同事間仍要合作、談話，還要有團隊歸屬感。
- 離岸外包。完全遠距沒有「岸」可以離，單純就是雇用來自世界各地的人才。

- 某種管理典範。它乃是一般的階層制組織架構，只是重視產出過於投入。

完全遠距對組織帶來的改變
- 知識以文字方式紀錄，非口頭傳達。
- 因此，會議時間變短，開會次數也減少了。
- 知識有了文字記錄，溝通多半採非同步模式，並非即時，溝通形式也較為正式。
- 以文字記錄知識可以使工作不受打斷，也可以減少現場訓練。
- 組織於內對外都變得更加公開透明。
- 所有資訊原則上都是公開的。

完全遠距對組織而言的缺點
- 有些投資者、合作夥伴、顧客會對遠距工作模式感到有疑慮。
- 有些潛在員工會感到卻步，對完全遠距有疑慮的多半是非技術性的資深工作者。
- 入職訓練可能會變得困難，有些人會覺得上任的第一個月很寂寞。

完全遠距對環境是友善的
- 無需通勤，減少環境破壞。
- 需要的辦公空間較少，減少環境破壞。
- 把高薪工作引進人力成本較低的區域，減少不平等。

成功的遠距團隊進階課程：
管理遠距員工與遠距團隊

● ● ●

關鍵不在管理。重點乃是在於賦權，讓員工自我管理，同時提升團隊整體向心力與連結。

——Hanno 創辦人約翰・雷伊（Jon Lay）[1]

我們必須訓練管理者，指導他們如何與遠距團隊合作。你必須擔任領導者，而非管理者。與其掌控所有細節，你必須打造一個可以邁向成功的團隊。

——「蓋蘭集團」（Garam Group）系統工程師非爾・蒙特羅[2]

遠距團隊主管職責包羅萬象，包含：確保團隊成員都具備（或能取得）完成工作所需的一切知識、工具、訓練、步驟以及凝聚力。要把如此複雜的工作內容分門別類實有難度，所以，我們會把這些內容拆成兩個階段來討論。

接下來的兩章會討論「規劃階段」的注意事項：

- 第7章：心態上，要信任團隊成員並相信團隊可以成功，努力做一個有能力、富同理心、能屈能伸的領導者。確保所有團隊成員都能取得高品質的工具與設備。
- 第8章：目標一致才能邁向成功。首先，探索哪些方法最適合你的團隊成員、目標以及情況。

最後兩章著重探討「行動階段」的注意事項：

- 第9章：讓團隊共同決定該使用哪些工具、步驟以及程序，以團隊協議書記錄期望以及工作文化相關禮節。
- 第10章：遠距工作總整理 —— 有效率的會議；表達感謝、慶祝成功；與每個團隊成員建立良好的關係。最後，用可逆的小嘗試來做實驗。

全書每章末都附有「彈性工作小提醒」，替該章內容做重點整理。第4部末尾的「更多資源」中有些額外資料，可以幫助你把概念化為行動。其中包含遠距工作團隊協議書的模版，以及線上會議的訣竅，另有一份主管執行計畫書，把每個章節提到的執行步驟濃縮在一起。（我們設計的主管執行計畫書可以引導已投入遠距的管理者，也可以幫助還在思考遠距是否合適的管理者 —— 特別留意「遠距優先」模式對所有類型的工作團隊都有助益，完全集中工作團隊也一樣）。

如果你已經準備好開始遠距工作，可以直接閱讀第9章（更篤定的人甚至可以直接跳到主管執行計畫書 —— 讀完之後再回頭查找你需要的段落）。假如你想放慢步調、謹慎考慮，可以從第7章開始閱讀。我們開始吧。

第 7 章

● ● ●

盡心、帶領 & 信任、成功

主管的職責其實就是幫助團隊成員善用工具、主導自己份內的工作、對自己的工作負責。

——panagenda 數據分析公司數位轉型暨數據分析顧問路易·蘇亞雷斯[1]

身為一名管理虛擬團隊的企業家,我需要有同理心、能察言觀色、有細膩的心思可以發現他人的需要、願意並有能力提供邁向成功需要的所有工具。此外,我還必須認識自己 —— 了解自己的技術、能力、長處以及弱點。」

——《富比士》,〈通訊工作是未來的趨勢〉,梅根·M·畢若[2]

先前提到,遠距工作要成功,就要審慎選擇最合適的技能、工作心態以及工具組合。但是要記得,最關鍵的還是具備正確心態的主管。遠距團隊要成功,管理者必須抱持成功的信念,並信任所有團隊成員都能達到自己的期望(再說一次,只有一名遠距員工的團隊也算是「遠距團隊」)。

假如閱讀著這些文字的你尚未完全建立起這種信任與信念,兩件事告訴你:你並不孤單,還有,太多事業有成、令你欽羨的團隊和機構都拍胸脯保證

167

遠距團隊可以大有成就。當然，這整本書的初衷就是：告訴你線上工作世界的真實全貌（包含你可能會出現的各種疑慮以及遇到的各種困境），給你一張地圖，讓你按圖索驥通往心之所向，替你在遠距路上可能會遇見的各種難關提供解決之道。但最後，一切還是在於你。努力把不可能化為可能，就能產生信心。

究竟要怎樣才能達成這個目標呢？只要有新鮮的視角、成員間達成協議、發揮創意使用相關科技與工具，就能成功。

要有信念：遠距模式一定會成功

舉例來說，可以思考一個重要的問題：遠距工作者如何拿出等同於辦公室員工的生產力和責任感呢？（這裡暫且不談干擾和懶惰的問題，因為後面馬上會討論這個主題，現在先針對能力與生產力來討論）。我們可以先看看辦公室工作模式中，哪些因素可以提升生產力和責任感 —— 接著思考如何把這些因素複製到線上工作環境。

仔細思考便會發現，辦公室工作的好處包含：一，隨時可以找到同事，不管是個人工作，或是為達成團隊目標的協作項目，效率都能因此提升；二，與同事距離很近，可以快速分享重要資訊；三，在同一個地點工作可以看見同事，進而產生對個人的信任感：也就是說，看見同事努力達成團隊的共同目標可以提升士氣，其他成員也會因而想要拿出認真負責的表現。

辦公室工作的主要好處都可以有效複製到線上。一，遠距工作還是可以透過電話或打字提問，檔案也可以共享。如果每個員工都願意在工作時間保持聯繫，實際的距離就不成問題。二，線上會議可以跟實體會議一樣有效率 —— 有時線上會議反而效率更高，視團隊規模以及手上的工作，開會時可能會需要更新、回報、規劃或是進行腦力激盪。線上會議要有效率，就會需要善用相關科技 —— 同時也必須建立通訊與資訊紀錄協定。至於責任感，可以用不同的方式告訴別人「我在工作」，讓團隊覺得安心。來回溝通工作進度，可以提升工作日的工作效率，給人可靠的感覺。剩下的就要靠團隊所有成員達成共識，願意讓其他人看見自己的工作內容，藉此展現自己的認真負責（後面

談到信任時會再針對這點做討論）。上述幾點都辦得到，也絕對能做得好。如教練／企業家「敏捷比爾」・克伯斯所言：我們只是需要「花點時間學習新的工作模式，習慣了就不彆扭了[3]。」

我相信線上工作團隊也可以和集中工作團隊一樣有效率。從我與遠距團隊成員和領導者的訪談可以看出，許多虛擬團隊為了提升工作動力所做的努力，其實就是在不斷改善遠距工作的方式。當然，不同的設置、不同的情況，會需要不同的工作方式。然而，確保每個人之間有通暢的聯絡管道是一體適用的不變法則 —— 遠距聯絡要像在辦公室靠到隔壁桌和同事講話一樣輕鬆。這會需要高規格的網路和設備。概念其實很簡單：聯絡越容易，就越願意聯絡。

信心不足的時候：確保團隊成員具備完成工作需要的工具

第一步是確保員工具備完成任務需要的工具。至於哪些工具應該由公司提供，哪些工具應該員工自備，看法不一。舉例來說，許多完全分散團隊僅提供員工軟體和應用程式，他們希望員工自備硬體設備。另外有些公司可能會提供電腦、頭戴式耳機麥克風、智慧型手機等。這裡並不是說所有雇主都該提供上述工具，而是雇主必須確保辦公室具備品質優良的科技與工具，最好也確認所有遠距成員都配有合適的軟硬體，至於應該由公司添購或員工自備，並非重點。

基本的科技工具組

頻寬是氧氣，氧氣一定要足。頻寬是遠距工作的重要支柱。」
——Vrijhed.net 老闆／物理學者／團隊領導者／軟體開發師
馬騰・庫伯曼[4]

近年來科技飛速進步，但許多公司只能使用資訊科技部門核准的工具，

結果他們會議室桌上的傳統會議電話早就過時了。

要順利在線上共事，每個人都要具備：好用的電腦、快速的網路、頭戴式耳機麥克風、視訊裝置、穩定的視訊會議工具。接下來，讓我們針對這些項目詳細闡述。

好的網路服務與週邊設備。這點很清楚好懂。網路不穩或設備品質很差，同事間的聯絡就很麻煩、很討厭。你會希望遠距團隊擁有清晰、清楚、高頻寬的溝通工具。要滿足這些條件就需要穩定的網路以及品質良好的周邊工具。

降低背景噪音。就算有了高速網路連線，背景噪音還是會干擾通話成員。你不會想聽到同事在咖啡店的嘈雜背景人聲，開放式辦公空間的談話聲也一樣令人心煩。所以一定要確保辦公室員工有安靜的空間可以進行一對一通話或參加規模較大的視訊通話。

接受並妥善使用視訊通話。人與人的互動中，非語言溝通比重很大，所以視訊非常重要。根據2017年一項全球調查，超過2萬4千名的調查對象中，92％的人相信視訊協作科技可以改善人際關係並提升團隊工作能力[5]。簡言之，使用視訊可以大幅改善溝通、提升生產力、促進團隊建立。

> 使用視訊時可以從彼此身上獲得正面回饋，進而提升參與感，因為你能看到我的表情、我的動作、我的能量、我的熱情。感覺很像是你邀請我溝通，所以我跟你溝通。
>
> ── 擬人化科技公司（Personify Inc）銷售總監尼克・提門斯[6]

> 對視訊通話心有疑慮的人，大概沒有太多視訊通話的經驗，因為一旦你試過視訊就回不去了。視訊通話確實需要做些事前準備，但是進辦公室也要著裝準備。人就喜歡躲。人不但懶，還總想躲在簡報檔和聲音後面。但是如果因為懶惰而抗拒視訊，長久來看，可能就會犧牲效率以及人與人之間的連結。
>
> ── 擬人化科技公司產品副總蘇滿・科習克[7]

一個小提醒：要妥善使用視訊，就需要注意燈光、背景等細節。視訊通

話很容易不小心背光或臉是黑的 —— 科學研究顯示，若是視訊時光源很差，對話參與度就會打折。Zoom網誌引述了《腦神經科學期刊》（The Journal of Neuroscience）的一段話：「視訊會議時，你必須面對鏡頭，這就像是在拍電影。你什麼都還沒做，場景的燈光就已經替你決定了你在會議中的表現[8]。」簡言之：越能看清楚彼此越好。

另外也要考慮背景。如果你的背景很雜或有人在後面走動，很容易使人分心。第3章談到專業視訊設置對遠距工作者的重要性。在辦公室也必須要有相同規格的視訊設置。

最後還有幾點需要考量。我們必須確保員工都接受過相關訓練，知道如何有效使用上述工具，且已經花時間熟練了。軟體改變了我們的工作方式，我們需要花點時間摸索才能了解操作細節。美國航太總署的瑞奇・蓋斯特（Ricky Guest）指出：「在航太總署，我們一直在替工作團隊尋覓新的遠距通訊方式，但是我們不會一找到新的通訊軟硬體，就直接把軟體丟給團隊說：『去用吧』。我們會提供協助，幫忙把這些軟硬體整合到團隊成員的日常工作中[9]。」「傑克森河流」（Jackson River）執行長愛麗絲・漢瑞克斯（Alice Hendricks）補充道：「不只要留心通訊方式與工具，還必須主動觀察通訊節奏、步調以及品質，這點很重要[10]。」

此外要記得，不太可能只靠一種工具就滿足整個團隊的通訊需求。多數團隊會同時使用數種通訊工具，隨著團隊的成長與改變，也更會需要更多種不同的工具。此外，通訊工具不斷推陳出新，時時留意最能幫助達成目標的工具才對團隊有益。

我們不會從頭到尾只用一種科技。我們總是在研究最新、最先進的發明是否適合我們的團隊。

—— 美國航太總署太陽系探索虛擬研究所（Solar System Exploration Research Virtual Institute）資深影音專員瑞奇・蓋斯特[11]

不要等待最新科技，現在就開始實驗，讓工具融入你的團隊。

——SpreadScrum.com 分散敏捷團隊教練路西斯・巴比柯維茲 [12]

最後一點是科技支援。如執行長萊恩・貝克（Ryan Baker）所言：「自己處理公司內的技術支援是件麻煩事，所以我們和當地的外包技術服務公司建立了良好的關係 [13]。」

下一章還會討論各種不同的科技工具。

從信任的角度看工具

接下來的主題是：我們必須信任遠距員工能夠完成指派任務。市面上有許多不同的監控軟體可以用來減輕雇主的焦慮：萬一員工偷懶怎麼辦。但是在第 2 章中關於監控軟體的段落中提到，多數人一致認為，這種做法弊大於利。我們真正需要的是改變心態，從「時數導向」的工作心態，轉換成「成果導向」的心態。如同前述，成果導向的工作模式，重結果而不重時數。

好在雇主不必盲目相信遠距員工確實能完成交辦任務。應該讓員工展現可靠的一面，贏得雇主的信任。這時成果導向的工作哲學就派上用場了。如系統工程師非爾・蒙特羅所言：「我們會設定明確的目標、責任與交期，藉此建立信任感 [14]。」

解決信任的問題：讓員工展現可靠的一面

其實「放聲工作法」也可以幫助提升信任感。放聲工作，讓其他人看見你的工作內容，如此一來，遠距團隊成員就能清楚知道彼此的進度。再次引用第 4 章出現的引言：

我可以整天埋頭工作 —— 而我不說，你也不知道我在忙。但是如果我把文件發在網路空間，你可以看到即時更新，也可以從共享待辦事項清單看到完成的事項，你就不會懷疑我在偷懶，也不會不知道我在做些什麼。

——「蓋蘭集團」（Garam Group）系統工程師非爾・蒙特羅[15]

　　遠距合作時，有很多方法可以「放聲工作」，其中包括利用電子郵件報告進度以及每日的「站立會議」，也可以多加運用內聯網和線上應用程式等工具。有些員工會更新自己的即時通狀態，這樣同事就能隨時看到自己在做些什麼。我的團隊會替無法參加會議的成員錄製會議記錄。不管使用何種方法，放聲工作的概念就是要把辦公室的距離優勢搬到線上。

　　我們團隊的所有成員都很擅長使用即時通訊的群組功能來簽到、簽退。我們整天都可以看到這類訊息：我要暫離三小時、我要把車開去維修、我今天晚上會加班把時間補完等等。沒有人會刻意去查核真的還是假的，因為一切都公開透明。

　　我們的敏捷團隊每天都有工作進度。我們會決定一週的工作內容，要完成當週工作，就需要每個成員完成自己的任內工作。我們利用「站立日會」彼此回報工作狀況，並告知團隊自己是否需要協助。關鍵在團隊中存放小額信任感。

——「桑納泰普」Sonatype 敏捷教練馬克・基爾拜[16]

　　彼得・希爾頓是企業程序管理軟體供應商 Signavio 的顧問。Signavio 的員工使用協作平台 Jira、團隊協作軟體 Confluence 與 Slack 來進行放聲工作。希爾頓認為放聲工作法很有效率，所以不需要定期與客戶召開進度會議。如果客戶想要知道某項工作的狀態，只要登入 Jira 就能看到相關資訊。這樣可以省去開會的時間，把這些時間用來解決更重要的問題。

　　數位轉型暨數據分析顧問路易・蘇亞雷斯則利用社群網站來放聲工作。他的建議如下：

　　不要再用電子郵件了。改用社群網站來放聲工作，面對同事時要更透明。我們要有「分享越多，我就會越強大」的心態。放聲工作的有趣之處在於，你越是開誠佈公、越是透明，就是給別人越多機會信任你。放聲工作不只是為了社交，而是藉著社交來完成工作。若能把手上的工作透明

化，就可以減少摩擦的可能。領導者必須了解社群網路不只是另一個廣播平台。社群網站可以促進溝通，而溝通是雙向的，這是不變的真理，沒有例外，雙向才叫做溝通。[17]

在下一章的「建立情誼」以及書末相關資訊列表的「科技與工具」會討論更多放聲工作的方法。

> 與遠方未曾謀面的團隊成員建立高度信任與協作關係，是一個很大的挑戰，但並非不可能的任務──數位工具不斷在進步，我們協作的能力也因此跟著進步。
> ──「簡易傳訊」（SimpleTexting）共同創辦人非力克斯‧杜賓斯基（Felix Dubinsky）[18]

彈性工作小提醒

● ● ●

- 遠距團隊要成功，管理者就必須有成功的信念，並且信任所有團隊成員都能達到期望。
- 讓溝通變得容易。聯絡越容易，就越願意聯絡。
- 確保每個人都擁有高規格的網路、設備以及訓練。每個人都必須熟悉團隊使用的工具。
- 使用高頻寬的網路進行視訊通話。降低背景噪音以及視覺干擾，把燈光調整到最佳狀態。
- 備妥備用工具，以免手邊的工具出問題。
- 不斷嘗試新事物。試試新的流程、工具，找到最適合自己的組合。
- 讓遠距成員展現可靠的一面，贏得你的信任。
- 反過來，你也要努力贏得同事的信任：放聲工作，讓其他人看到你的工作內容。

第 8 章

● ● ●

領導能力與共同目標——促進團隊的成功

> 你可以組織一個優秀的團隊，但是優秀的團隊要拿出優秀的表現，還需要有人領導以及共同的目標。
>
> ——Chargify執行長蘭斯·沃利

「領導能力與共同目標」究竟是什麼意思？蘭斯·沃利用Chargify的例子針對這點做了詳細說明。

很久以前我們有個軟體開發專案，專案中有很多子計畫需要完成，但是我們沒有安排優先順序。開發團隊的成員可以自由認領工作項目。我們以為這樣是給團隊成員空間和選擇權。但這種做法失敗了。團隊其實需要領導者或產品主管替他們決定優先順序，這樣他們才能專注處理事情，而不是自己花時間做決定。

最近我們開始設定公司的整體目標。這件事知易行難，但很合理：替公司設定主要客戶與核心價值，以此為往後的決策依據。還要確保公司所有人都能對準公司價值以及相關決策。

優秀的團隊有了一致的目標，就可以拿出優秀的表現。[1]

沃力在上述引言中談的，基本上就是遠距工作模式成功之道。當然，說比做容易。好在，我們可以設計謹慎、有系統的執行方法，接著再用一些可逆

177

的小實驗進行驗證。

讓我們回頭繼續討論如何把辦公室的好處搬到虛擬世界。事實上，許多遠距團隊使用的解決方案其實可以同時處理團隊合作會碰到的許多問題。下表先舉出在實體辦公室工作「顯而易見」的好處，再來會更深入討論把這些優勢搬上線的方法。

把辦公室的好處搬到線上

辦公室工作的好處

效率與資源：成功的團隊在同一個場所工作很有效率，因為只要走幾步路就可以發問或索取報告。

生產力與協作：距離優勢可以提升團隊生產力，讓團隊一起更新、報告、規劃、腦力激盪 —— 重要的協作工作得以順利執行。

信任感與建立情誼：成功的團隊在同一個場所工作，可以對人產生信任。由責任感發展出的信任感，可以強化整體團隊。這種信任也能幫助團隊成員建立情誼。

預防並解決衝突：成功的團隊可以從面對面溝通獲益，因為臉部表情和肢體語言可以傳達正面的語氣和意圖 —— 這可以強化團隊之間的連結。面對面互動是種緩衝，可以幫助團隊成員維持有效的人際關係。

把辦公室好處搬到線上的方法

工具面
・群組聊天室。

- 專案管理軟體。
- 視訊會議與遠端臨場。
- 虛擬辦公室軟體。
- 視訊與線上遊戲。
-

操作面
- 隨時保持：頻繁的溝通、一起在線上工作（可以使用放聲工作法）、社交活動、提問與建議的討論區、表達感謝的機制。
- 定期安排：狀態更新與生產力會議、與團隊成員一對一的交流時間、隨性的社交時間。
- 視需要：進行討論（可以有主持人）並定期給予回饋，藉此化解衝突。

效率與資源

成功的團隊在同一個場所工作很有效率，是因為只要走個幾步路就可以發問或索取報告。

定期線上溝通

大家都以為自己需要集中工作，其實我們真正需要的是寬頻溝通。
　　　　──「敏捷維度」（Agile Dimensions）教練暨創辦人
　　　　　　「敏捷比爾」‧克伯斯[2]

關於誰該做什麼，每個實體辦公室都制定有相關準則──這些準則可能會在成員剛入職的時候一併交代，也可能是主管隨時歡迎員工敲門詢問。線上工作有時會欠缺這種即時的溝通機會，所以要建立更詳細的共事準則才能成

功。執行長浩爾・B・艾斯賓也指出：「看不見彼此，又各自在不同的地點工作，很有可能產生誤會。若能弄清楚團隊接受的合理行為，溝通就會更有效率[3]。」也因為溝通在協作過程中扮演著非常關鍵的角色，溝通效率若能提升，工作效率也會跟著提升。

書中我們不斷提到，現在的寬頻科技讓溝通變得更快速、更有效、更便宜，而且技術一天比一天好，價格一天比一天低。我們需要靠團隊協議來決定哪種類型的溝通要使用哪種工具，以及這些工具的使用方式 —— 特別要談妥訊息回覆時間。

至於該用哪些工具：老實說，工具日新月異，很難在這裡告訴你目前線上有哪些應用程式可以考慮。但是我們可以告訴你有哪些不同類型的溝通工具。舉例來說：

> 遠距工作模式中，沒有機會進行「茶水間的閒聊」，所以我們提供員工數種溝通管道和工具：電子郵件、Slack，以及 Google Meet。另外也有員工討論區以及類似社群網站的平台，供閒談使用。我們有個內部網誌，專門用來發布重要通知以及官方業務與官方資訊。
>
> —— 全球網絡伺服公司（World Wide Web Hosting）首席營運長
> 湯姆・塞珀（Tom Sepper）[4]

後面提供的其他解決方案介紹了不少溝通工具。書末相關資訊列表的「科技與工具」中，也簡要列舉不同類型的溝通工具。協作超能力（Collaboration Superpower）網站上的「遠距工作團隊工具」（Tools for Remote Teams，https://collaborationsuperpowers.com/tools）網頁也有最新的相關資訊。

至於該如何使用團隊選擇的工具，第9章的團隊協議會再詳談。

把實體辦公室的資源搬到線上

實體辦公室還有另一個好處，就是可以輕鬆快速取得相關工具與資訊，

藉此提昇個人工作效率。至於怎麼把這個好處搬上線？拜數位時代之賜，實體檔案櫃不再是必備品（幾乎快被淘汰了），現在有各種不同的工具可以集中管理資訊，像是企業內部網路、私人維基，乃至 Google 雲端硬碟或專案管理應用程式。雖然限制存取某些特定資訊是標準流程，有些人卻喜歡反其道而行。居家服務公司 ezhome 表示：「存取資訊的權限非常重要，不論你是否實際需要這些資訊。Ezhome 的所有資訊（包含 Google 文件、Slack 管道等）皆預設為公開，只有高度機密文件才會加密。」這段來自 ezhome 營運主管莉茲‧皮特森（Liz Peterson）的話也點出了信任遠距員工的好處[5]。

生產力與協作

成功的團隊在同一個場所工作可以提升生產力，因為團隊可以即時更新消息、共同做規劃、一起腦力激盪。

定期線上協作

定期線上協作是上一個解決方案的延伸：現代科技提升了溝通效率，也進而提升了協作效率。遠距團隊成員可以像在辦公室工作一樣隨時見面 —— 只不過是線上見。線上會議錄影方便，無法與會的成員仍可以透過影片掌握開會內容。

線上協作平台／專案管理軟體：辦公室同事一般都能掌握哪些工作正在進行中，以及誰負責什麼項目，這是集中工作的好處。成功的遠距團隊要確保所有成員有相同的認知，就必須使用線上專案或計畫管理軟體來記錄代辦事項以及專責同仁。舉例來說，帳單管理公司 Chargify 的行銷部門使用 Trello，開發部門則使用 Sprintly 做迭代規劃並進行追蹤。學生課程筆記交易平台 StudySoup 也使用 Trello，他們指出：「起初我們希望開會可以隨性一點，不要這麼制式。但是這樣其實造成很大的壓力，而且有些團隊成員會搞不清楚其他人在做些什麼。在那之後，我們就開始使用 Trello 並定期檢討／開會，避免相同情況再度發生[6]。」

站立會議與回顧會議：這兩種常見的線上會議模式，其實源自於辦公室的軟體開發團隊。

站立會議 —— 這是工作狀態的回報例會，通常每天舉行。會議中每個人會交代自己前一天做了什麼，今天要做些什麼，以及工作是否遇到困難。辦公室回報例會之所以叫「站立會議」，是因為開會時大家站著，以求簡短，有時也會圍著實體任務板站著討論。

回顧會議 —— 這也是例行的會議，通常每週或隔週舉行。站立會議是為了了解其他人正在做哪些工作，回顧會議則是為了了解團隊整體的工作狀況。回顧會議是有人引導的回饋會議，用來報告進度、提出問題並討論解決方案 —— 回顧會議中的常見問題有四：

- 執行順利的項目有哪些？
- 可以改進的項目有哪些？
- 團隊從工作中學到了什麼？
- 還有哪些問題無法解決？

回顧會議的架構簡單明瞭，很有效率，所以在虛擬工作環境中也是很重要的一環。而依據不同的設置和情境，會有不同的開會方式。此外，因為回顧會議是提供／接受回饋的例會，所以也能提升生產力並建立一致的目標。（本章後面的「建立回饋機制」會再次討論回顧會議。）

線上腦力激盪與決策軟體

大家常擔心協作需要以實際見面為基礎，其實不然。不同步也可以一起完成事情，效率不打折。

—— 素材資料庫 Envato 人資長詹姆斯·洛[7]

數位創意公司 Sanborn 合夥人克里斯·哈薩（Cris Hazzard）提到：「我們最愛使用白板；幾個人在同一空間腦力激盪的時候，就會有神奇的事情發生。我們用視訊會議、共享螢幕畫面以及 InVision 等工具把腦力激盪搬到線上，成果挺不錯。若是與會者能在會前做些準備、參加時再提出想法，效果

最好 —— 當然這也會讓整個會議過程變得更順利[8]。」而Tortuga執行長弗瑞德‧佩羅塔（Fred Perrotta）提到：「我們用Asana和Instagantt來做產品開發、產品上市以及網頁改版等大型專案。有了這樣的『官方』工具，不管身在何方，我們都能達成共識、共同計畫[9]。」位於瑞典斯德哥爾摩的跨國網路電信業者易利信（Ericsson）更進一步把這個概念升級，打造了內部平台IdeaBoxes，用來蒐集企業各層的想法並付諸實行[10]。

　　軟體工程師諾耶‧達利（Noelle Daley）以前有個短期分散團隊，她針對該團隊如何適應異地工作進行研究，也在Medium.com上分享她的觀察結果。其中一個問題是，該團隊「極度依賴集中作業文化，所以很難了解一項工作的前因後果或跟上決定。」在諮詢過經驗豐富的分散工程團隊後，她提出以下建議。

　　使用Google文件或其他所有人都能輕鬆存取資料的平台來記錄、討論團隊決定。描述問題並提出解決方案，讓團隊其他人用註解的方式提供想法。把所有決議和專案資訊以圖表的形式儲存在Google Drive的資料夾內。如此一來，每個決策都會留下歷史紀錄。假如過了一陣子要回頭處理某個專案，或是新進員工需要入職訓練，有歷史紀錄會方便很多。另外一點：一名受訪者表示，在線上以非同步方式達成決議，反而有更多空間可以包容不同的觀點。「各種個性的人都有機會可以發聲，這樣也讓大家有幾天的時間醞釀想法後再表達出來。不像開會，聲音大的人說的算[11]。」

　　接下來在第9章也會談到，跨文化團隊更需要讓不同的觀點（以及不同的個性）有發聲的空間。

從促進團隊成功的角度，來談信任

　　成功的團隊在同一個場所工作，可以對人產生信任感，因為知道其他人會認真把份內工作做好。由責任感發展出的信任感，可以強化整體團隊。

展現責任感：放聲工作

信任感來自於成果。

——美國航太總署太陽系探測虛擬研究所
傳播組長提格・索德曼（Teague Soderman）[12]

如第7章所言，放聲工作就是公開透明的工作習慣。也就是說，團隊同事以及團隊領導者知道你在工作、知道你在做些什麼、也知道你完成了什麼。同事知道可以相信你會完成團隊任務，這對大家都有益處。

以下列舉幾種放聲工作的方法：

- 發信回報工作進度。
- 參與站立日會。
- 在Slack等群組應用程式更新每日工作進度。
- 在即時通訊軟體更新你的狀態。
- 用公司內部網路更新檔案、進行討論。
- 參與群組聊天（例如使用Slack），群組功能通常用來討論特定內容。
- 在中央儲存器（central repository，GitHub）上更新程式碼。
- 視需要使用群組應用程式的「狀態更新」來更新狀態（例如使用I Done This或Asana中的「工作進度」Progress View功能）。
- 在協作管理平台（Asana、Trello）上更新工作項目。
- 使用虛擬辦公室應用程式（Sococo、Walkabout Workplace）。

上述的工具，在稍後的的章節以及書末相關資訊列表中的「科技與工具」當中還會討論。現在，我們要來詳細解釋其中一個工作訣竅：每天回報工作進度。〈週二Slack小秘訣：如何用Slack展現認真工作的樣子〉（Slack Tips Tuesday: How to Not Look Like a Slacker on Slack）影片中，X-Team的雷恩・查特朗（Ryan Chartrand）談到公司的「工作日誌」文化。所有團隊成員都必須撰寫個人日誌，在日誌中回報當日完成事項，長期專案的進度也要填寫。查特朗建議盡量擷取螢幕畫面來交代工作進度，影片或畫面都好，也可以拍下參與會議時收到的名片。查特朗表示：「大家看到你做了哪些努力，就會更尊重你，如果看不到你做了哪些努力，就會懷疑你的價值。」工作日誌的另一個好處是，團隊成員可以在你的日誌下方表示讚許或提出建議，幫助工作進展。此外還有一個好處，工作日誌可以增加你的優良記錄，對你下次的績效檢討以及個人成就感都有幫助。人很容易忘記自己工作時究竟付出了多少努力，留個紀錄提醒自己一路走來含辛茹苦，很有意義。

X-Team用Slack來記錄工作日誌，但你也可以使用其他平台（下一個解決方案的群組聊天段落會詳細介紹Slack）。X-Team每個團隊成員在Slack上都有屬於自己的日誌頻道，其他資訊則在其他頻道，與個人日誌分開。這樣其他成員（尤其是主管）就可以長期追蹤每個人的工作進度[13]。

網路開發公司Automattic最著名的產品就是出版／網誌平台WordPress.com。該團隊使用WordPress P2介面來追蹤每個人手上的工作。部落客蒂許・布里賽諾（Tish Briseno）這樣形容：「P2上什麼東西都可以發（即將進行的變更、想法、個人時程表更新、bug回報等），這樣公司其他人就可以在你的P2發文底下留言，你也可以公開你的工作流程、行程表、你學到哪些沒有前例的新資訊等，其他人就可以跟著你一起學習[14]。」

此外還有一點：若無人指導或沒有加以訓練，團隊成員可能很難學習公司提供的新工具或新程序。團隊成員若不表示自己遇到困難，其他成員可能會認為他在偷懶。所以員工必須要能自在地提出問題，而放聲工作可以達成這個目標[15]。

展現責任感：記錄生產力

另外需要考量的一點是如何記錄團隊的生產力。許多團隊並沒有記錄生產力的習慣，而且許多公司只注重最後的工作成果，並不注重花了多少時間才達成這個成果。但是有許多公司用「目標與關鍵成果」來進行目標管理。Heflo.com的一篇文章提到：「目標與關鍵成果的目的是要清楚界定有哪些具體、特定、可測量的行為可以達成目標。」這種清楚明確的做法有兩個好處：員工可以專注處理需要完成的工作以及需要達成的目標，而且沒有人會迷失在不需要做的工作裡[16]。此外也要注意，若要讓每個員工都清楚各自在整體營運中扮演的角色，就需要所有人在團隊任務上達成共識。

如何建立信任感：表揚優秀的工作表現

另外還有一個很有意思的思考面向：表達感謝。若能花點時間對同事的付出表示感謝，不僅可以穩固同事間的關係，也可以讓每位成員更清楚意識到自己對他人的貢獻。讓我用自己的經驗來舉例說明。

用表達感謝來建立信任感 —— 獎金制度：快樂梅利有個同儕獎金機制，運作方式如下：每個團隊成員每月都配有100點。在這個月裡面，這些點數會在團隊中（包括主管）流通，流通時也會註明原因。給出的點數以及給出原因都是公開的。舉例來說，執行長尤爾根・阿佩羅在《富比世》的文章中寫道：「上個月，團隊中的珍妮佛給了萊絲特15點，理由是『她是公司的支柱』」。萊絲特給了賽吉25點，感謝他的回饋與協助。賽吉給了查德10點，感謝他『做圖表很厲害』。查德給了哈諾20點，感謝他友善與清楚的溝通[17]。」每個月底，財務部門會整理好公司的損益表，若有盈餘，她會提撥一部分的盈餘做當月獎金 —— 依照團隊成員當月收到的點數，分發給個人。

起初我不太贊成感謝金機制，因為這些獎金是發給「無法用具體標準來評估」的技能，像是查德很會做圖表，財務長很會記帳。後來我發現，我不應該用技術來進行評估，我必須根據與同事共事的狀況來決定是否給予獎勵。他們可靠嗎？他們善於回應嗎？與他們共事愉快嗎？（答案：以上皆是）。快樂

梅利前員工路易斯‧布雷斯（Louise Brace）表示：「感謝金可以確保每個人了解自己是否可靠，以及自己在其他人眼中是否有貢獻。感謝金可以幫助每個人努力改善溝通技巧，並確保每個人都知道其他人在做些什麼[18]。」

關於感謝金機制，我個人最喜歡的是每個團隊成員都可以定期收到來自其他成員的回饋。我覺得這樣不但可以提振士氣，也可以清楚知道同事欣賞我哪些地方 ── 我很喜歡有個專門的討論區可以表達我對同事的感謝。360度零死角的全面性回饋可以幫助團隊彼此珍賞、互相學習。

回頭討論信任感與可靠度的問題：我發現假如拖到月底再給同事點數，就很難回想起同事在月初時做了哪些事。雖然我知道同事確實在工作，卻不記得他們確切做了些什麼、做了多少，還有他們的貢獻對我有什麼幫助。多虧了公開透明的感謝金制度，每一位成員對團體有多少貢獻都一清二楚 ── 這也讓我更願意努力為大家付出。

建立同事間的情誼

成功的團隊在同一個場所工作有社交優勢，因為面對面互動可以強化社交聯繫，進而讓整個團隊更有向心力。

若是幾個月沒和同事聯絡，就會失去人與人之間的互動。生活會被其他事情填滿。遠距溝通的問題是，每次溝通都在談公事。生活瑣事的閒聊很重要，沒有閒聊，你就只是個工作機器。

　　── 瑪爾努斯（Malonuse）顧問公司共同創辦人暨敏捷教練
斯里坎‧瓦希希特（ShriKant Vashishtha）[19]

團隊工作中，「團隊」的部分相當重要。在辦公室共事會有些偶然的小確幸，有時剛好一起搭電梯，最後就變成一起買咖啡。每天見面可以建立信任感，增進同事間的感情。但是遠距工作必須更加努力才能有團隊歸屬感。所以，雖然只要按個按鈕就可以運用數位科技與世界各地的人連線，還是必須找到新的方法來做情感連結。

那麼，在實際距離如此遙遠的情況下，該如何縮短彼此的距離呢？要如何透過螢幕建立關係呢？現在我們就要來討論這個問題。

我們面臨的挑戰不在科技，而在人類是否能跟上科技的腳步。改變習慣要花時間。

──敏捷維度（Agile Dimensions）教練暨創辦人「敏捷比爾」‧克伯斯 [20]

有很多工具可以幫助我們協作，但是這些工具不見得能幫助我們認識彼此。我們有了高科技，但還需要高度接觸以及對其他人的同理心。

──Playprelude.com 執行長浩爾‧B‧艾斯賓 [21]

在線上共事

我們已經討論過放聲工作的概念：公開個人的任務內容以及聯絡方式。線上共事是放聲工作的一種，比較沒有那麼制式化。對某些團隊來說，線上共事頗為隨性，也不麻煩，只要打開視訊就可以拉近彼此的距離。然而市面上也有些工具可以模擬工作環境，甚至可以模擬實體辦公室。接下來提供一些不同的工具讓你選擇，從最普遍的到最新潮的都有。到頭來，選擇哪種工具其實不那麼重要，重要的是團隊所有成員都能接受這項科技，每個人也都能在使用方式上達成共識。

視訊與視訊會議：光是打開視訊就可以改善遠距工作的體驗 ── 不一定只能在通話時使用視訊，斯里坎‧瓦希希特表示：

我們替團隊安裝視訊鏡頭，這樣就可以看到每間辦公室裡面誰來了、誰走了。來上班了、要外出吃飯了，或結束一天的工作準備回家時，我們都習慣打個招呼。我們甚至也開始有了彼此間的默契手勢。看到彼此可以建立團隊存在感。[22]

Spotify 有些遠距團隊也會開著視訊共事 —— 軟體工程師索多利斯‧提習帝斯（Thodoris Tsiridis）這樣說：

我們習慣在工作的時候開著 Hangout，每個人都打開視訊，麥克風靜音。這樣很像在同一空間工作：大家能見到彼此，有人有問題的時候，只要打開麥克風提問即可。團隊就像實際處在同一個辦公室一樣，可以彼此交談。[23]

敏捷教練馬克‧基爾拜針對視訊工作的效率，有更深入的洞見：

虛擬體驗有時可以提升人情味，因為可以從背景看到對方私底下的生活。在虛擬團隊中，分享自己的生活非常重要，很多人其實很喜歡這種工作與生活的調和。我們想要知道視訊另一頭有哪些人。在我的團隊中，如果某人的小孩忽然出現在背景打了個招呼，或是家人忽然經過，沒有人會不高興。事實上，這可以幫助建立感情。[24]

協作平台／專案管理：有些專案管理工具（如 Asana 或 Trello）可以讓你創建虛擬的「工作空間」，從工作空間看到公司各部門、各專案，甚至是不同地點的總覽。你可以依照團隊需求選擇合適的工具，更多詳細資訊可以參考書末相關資訊列表中的「科技與工具」。當然，對某些團隊來說，全公司使用的工具由資訊科技部門決定，你沒辦法選擇。話雖如此，只要團隊在工具的使用方式上達成共識，多數工具都可以發揮它的功能。

群組聊天：群組聊天平台可以用來掌握工作節奏，包含過去的工作或是正在執行的工作。這種即時功能就像是以虛擬方式在辦公室走動、與同事談話，也可以加入別人的對話。這種平台也支援群組討論（聊公事或純聊天都可）。此外，在平台上分享資料、檔案，所有專案相關人員或是群組成員都能看到。這種快速無負擔的工具比電子郵件更適合用來溝通，全公司的人都可以看到溝通內容，所以也很適合建立團隊情誼。

對話結束後，誰在什麼時候做了、說了什麼，群組頻道內都會留下文字紀錄。就算是很久以前的對話，每個成員也都還是可以回頭搜尋。線上工作空間內的集體知識，事後搜尋也非常方便 —— 不像電子郵件，訊息全都鎖在信箱內。如第4章所述，數位轉型暨數據分析顧問路易・蘇亞雷斯非常喜歡這種搜尋功能：「一般來說，你從一間公司離職後，人資會做的第一件事就是刪掉你的信箱、好幾G的資料、連結，以及你這幾年累積的知識。若使用社群平台，你累積的一切就可以保存下來。其他人只要上內部平台就可以查找你發表過的內容、對話紀錄、找到並聯絡你建立的人脈。從個人的角度來看，這是你離職後留給後人的資源。而從企業的角度來看，其他人也可以取得這些寶貴的知識[25]。」

群組聊天工具也是很棒的虛擬茶水間。舉例來說，有些團隊會建立「認識彼此」的頻道，鼓勵情感交流。「河流機構」（River Agency）首席營運長也很喜歡使用群組功能，群組讓每個人的個性都有被看見的機會，讓更多人可以暢所欲言[26]。

群組聊天的缺點是太過便利，導致工作內容很容易被垃圾話洗掉。不過，可以在團隊共同制定相關原則，規定與工作較無關的發言只能使用非工作頻道。

虛擬辦公室：虛擬辦公室顧名思義就是網路世界使用的辦公室。很多人使用虛擬辦公室平台Sococo。登入後，可以看到一個樓層平面圖以及其他線上同事的虛擬代理人如下圖。你可以自由穿梭不同的房間，但是只能與同房內的人交談 —— 就像在實際辦公室一樣。Sococo 的曼蒂・羅斯（Mandy Ross）這樣解釋 Scococo 的設置：

我們的虛擬辦公室看上去就像真的辦公室。每天早上我們打開 Sococo 會先看到一張俯瞰的辦公室平面圖。每個人有自己的辦公室，也有會議室。我登入後通常會先看到凱莉，我會跟她打招呼。執行長辦公室就在我的辦公室旁邊，稍晚他會過來跟我說話。這就是我每天早上要去上班的地方。

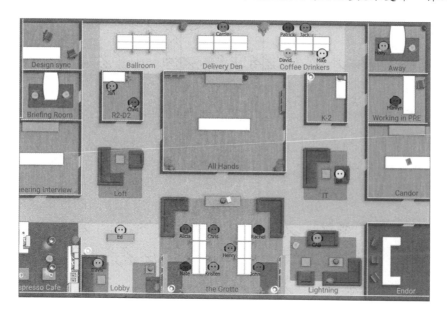

　　光是能在虛擬辦公室中見到大家，就能感覺更容易找到同事，團隊的整體凝聚力也會提升。Sococo的凱莉‧奎恩沛（Carrie Kuempel）很喜歡這種介面，因為：「其他人遇到問題的時候，你只要敲敲虛擬大門，可以提供答案給他們，幫助他們完成手邊的工作，不用寄電子郵件、不用安排開會。去找同事、得到解答、繼續工作，這樣很棒。便利性與能見度對我們來說非常重要，因為我們要一起執行計畫，我們需要彼此。Sococo是我的團隊的生命線[28]。」Sococo也有其他功能，如線上工作坊、開會，甚至是虛擬共同工作空間。

　　遠端臨場：藉著遠端臨場科技，你可以在其他地點投射自己的「分身」——其實就和視訊一樣，只不過遠端臨場還多了移動性的優勢。舉例來說，Revolve Robotics的Kubi機械手臂讓你可以「瞬間移動」（像用Skype一樣）至其他平板裝置，還能平行、垂直移動機械手臂。有了這樣的能力就可以控制眼前的景象。假設你正在使用Kubi參加實體會議，你可以看到會議中的

白板，也可以轉身看看同事。此外，Kubi的移動能力可以讓遠距工作者在實體會議中更有「存在感」。比起僅使用視訊，遠端臨場的「存在感」強多了。最後，這項科技也很容易操作。

有了遠端臨場，小孩在家也可以上課，病患臥床也可以諮詢遠處的專科醫師，喜歡藝術的人可以探索其他城市的博物館，遠端演講者、與會者也可以參加遠距會議。遠端臨場可以有效拉近人與人之間的距離，不論實際距離有多麼遙遠。

虛擬實境：虛擬世界已經存在了好幾十年，也在一些小團體中被廣泛使用，像是課程、會議（好比使用遠端臨場科技），以及軍隊的模擬演練。對一般人來說，操作虛擬實境科技也許有點難度，但是我相信隨著科技不斷進步，有一天，虛擬實境在職場工作上會扮演越來越重要的角色。為什麼呢？因為互動式感官體驗更接近真實的人際相處。

安排社交時間

氣氛輕鬆的人際交流時間，對建立彼此的情感大有幫助，所以除了工作上的互動，團隊成員的社交互動也非常重要。

企業常會有以下誤解：你是你的領域的專家，我是我的領域的專家，就算我們素未謀面，也可以一起把案子做好。不過研究顯示，若是團隊成員沒有機會彼此認識，只會適得其反。

——Playprelude.com 執行長浩爾・B・艾斯賓 [29]

盡可能主動與團隊互動，確保成員之間能彼此聯繫、舉辦社交活動。不能總是只有工作。實體辦公室中的社交是自然而然發生的。而在虛擬辦公室，就會需要鼓勵大家社交。

——Sococo 社群執行長練曼蒂・羅斯 [30]

公司一定要設定咖啡時光，讓大家停下手邊工作、與同事聊聊天。這樣可以維持每個人的工作動力、排解寂寞，也是了解彼此手上工作的機會、了解同事的機會。

——Ricaris執行長安娜‧丹尼斯（Anne Danes）[31]

我們的遠距互動通常都專注在處理事情，不太會特地撥時間聚會。假如希望讓遠距工作團隊偶有輕鬆的互動，反而需要刻意安排。我發現刻意安排的社交與自然發生的社交同等重要。

——阿米諾支付（Amino Payments）工程部資深副總傑瑞米‧史坦頓[32]

安排團隊成員自然社交時間的時候，不妨參考以下建議，使用視訊會議軟體。

- FlexJobs遠距團隊使用Yammer群組，其中有讀書會、做菜群組以及寵物照片分享群組。
- Sonatype團隊在每一場會議中內建社交時間，請成員提早幾分鐘上線或晚一點離線。這樣每個人都有社交機會，又不會拖到會議進度。
- 快樂梅利的團隊每週會舉辦一次半小時的社交時間，社交時唯一的規則就是「不談公事」。我們稱這個社交時間為「貓咪閒談」，因為起初團隊成員總是用貓咪照片吸引其他人上線。
- FlexJobs團隊每隔幾週就會利用週五晚上下班後，讓成員於線上相聚在一起喝一杯，舉辦線上猜謎大會。其實就和與朋友上酒吧參加猜謎之夜很類似。[33]
- Sococo的凱莉‧麥克奇岡也提到：「我們會舉辦『快樂星期五』和『社交星期三』等活動。有點蠢但挺管用[34]。」

很多團隊喜歡一起玩遊戲，像是電動或打牌，另外還有一些精心設計的遊戲：

- Dr.Clue.com是虛擬尋寶遊戲，需要使用各種視訊會議工具來解謎，團隊可以一起想辦法找答案。

- PlayPrelude.com是一種可讓虛擬團隊用來建立信任感的遊戲。
- 管理 3.0（Management 3.0）團隊設計了一個「個人地圖」（Personal Maps）活動。活動中，團隊成員會替自己繪製心智地圖並與他人分享。這個活動其實非常有趣 —— 有點像是探究內心的看圖說故事（更多相關資訊請上 https://management30.com/practice/personal-maps）。

花時間實際見面相處

雖然很多數位工具可以有效聯絡團隊感情，還是比不上實際見面的效果。所以，很多人建議管理階層盡可能安排團隊成員實際見面的時間 —— 哪怕是需要搭公車、搭火車，或搭飛機。

我們鼓勵各地的分公司交換員工，讓巴賽隆納的員工到聖地牙哥，聖地牙哥的員工可以到巴賽隆納。這可收一石二鳥之效：一方面讓團隊成員實際見面；二方面是造訪其他城市的好機會。這兩個好處都可以吸引到更優秀的人才，也可以讓目前的員工感覺更快樂。
—— 活力文字（Zingword）共同創辦人暨執行長╱「虛擬團隊管理」共同
創辦人暨顧問羅伯特・羅吉[35]

視訊常可以取代實際見面，但是真實看到彼此、一起上附近酒吧喝一杯，更能加深團隊成員間的關係。這種面對面的相處時光有很大的助益。
—— 敏捷教練╱「管理 3.0」（Management 3.0）會議引導師
萊恩・范・魯斯麥倫[36]

即時時間管理公司把這個概念提升至另一個層次，他們認為相聚的時間實在是太重要了，於是採取「半中心化」模式，在多個城市設置辦公地點[37]。

解決衝突

　　成功的團隊可以從面對面溝通獲益，其中一個原因是臉部表情與肢體語言可以傳達語氣和意圖 —— 當然，若只有正面的語氣和意圖是最好。少了表情和肢體的緩衝，人際關係就有可能出問題，小不滿可能會演變成大衝突。

　　虛擬團隊一定會出現衝突，不管是單純的觀念差異或嚴重的誤會。所以，衝突發生時一定要有解決方法，後面我們會詳談解決衝突的方法，但是首先，總有辦法可以在發生爭執之前就先採取預防措施。我們可以：

- 使用協作平台／軟體來標示誰在做些什麼，避免工作內容重複。
- 使用放聲工作法來避免溝通不良以及工作內容重複。
- 多多溝通，盡可能使用視訊。
- 練習正向溝通。
- 建立回饋機制。
- 共擬團隊協議，制定共事方式的細節。

　　下面針對其中幾點做更深入的討論。

增加正向溝通

　　在遠距團隊中，我們需要找機會與他人交談。這不是那麼容易，也許是因為時區問題，也或許在忙。這都可以理解。但是如果不能定期交談，關係就會變得疏遠。

　　　　　　　——「遠距而不疏離」（Virtual not Distant）總監皮拉兒・歐蒂[38]

　　要避免人際衝突，最常見的建議就是多溝通。但是要注意，溝通品質比溝通次數更重要。採取遠工作模式時，一定要多加留意，在與他人溝通時，保持友善以及建設性發言。以下是幾點基本原則。

　　首先，文字溝通很容易產生負面誤解，哪怕寫者無意。所以最好保持友善，過度友善也無妨，別讓閱讀者產生負面的誤會。其次，從另一個角度來

看，要永遠預設對方出於好意，換句話說，就算對方並不是特別友善，試著假設對方沒有惡意，也不要望文生厭。第三，不要一時衝動宣洩強烈情緒。有些人習慣立即表達自己的感受，當然，這樣當下很痛快，但是情緒用語可能會造成彼此之間難以抹滅的傷害。把內心真實的聲音留在心裡是明智之舉 —— 盡可能給予建設性的回應（接下來會再討論這幾點）。

建立回饋機制

遠距團隊必須主動建立並維持正面連結。要達成這個目標，團隊成員之間必須定期回報：確認工作進度，並提供建議或協助。

我知道，對某些人來說「建議」不會產生「正面連結」。有人些很怕接受建議，而有些人怕的是給予建議 —— 尤其是同儕間的建議。若同事彼此的專業角色／地位關係有點緊張，要提出或聽取建議就不是那麼容易，年齡和教育程度又有差距的時候更是如此。認為表達感受弊大於利的人，很可能會忍氣吞聲或無視別人的建議。問題是，小不悅不會自己消失，這種不愉快會聚沙成塔 —— 最後嚴重損害團隊向心力。

要達成團體共同目標，團隊成員就得持續強化彼此間的關係，所以需要定期提出並聽取建議。這一點，不管團隊成員願不願意都不能逃避。

要知道，回饋機制並非1年1次或半年1次的績效考核，虛擬團隊顧問皮拉兒・歐蒂澄清：「我想到企業內的回饋機制時，會感覺回饋是來自上層。但是談到虛擬團隊的回饋機制，我會聯想到生理上的回饋，好比器官、肌肉、神經元或是賀爾蒙之間彼此交談，影響接下來的身體反應。虛擬團隊中，每個成員都必須參與回饋[39]。」

該怎麼執行回饋機制呢？不同的組織會使用不同的方法來建立完善的回饋機制。其中一個考量是溝通模式：簡訊、電子郵件、打電話、視訊聊天，或是全團隊視訊通話。另外還要考慮到形式。可以事先定好一般情況使用的溝通形式以及遇到問題時採用的溝通形式 —— 但還是希望不要太常遇到問題。

專案回饋機制：第4章談到，假如同事太晚針對專案提出負面回應，已經

沒有時間改善，會讓人感覺挫折。要避免這類情形產生的衝突，並確保手上的專案能及時得到回饋，我們建議團隊建立尋求建議／給予建議的準則。有一種方法非常有效，就是在專案不同階段尋求不同程度的建議。更多相關資訊請見第4章的「30／60／90回饋架構」。

　　定期檢視團隊狀態：針對一般性的團隊事務，前面提到的回顧會議是給予／接受建議的好機會。如前述，回顧會議是有人引導的定期回饋會議，在這個會議中報告進度、提出問題，討論解決方案。而回顧會議中常見的問題包含：

- 執行順利的項目有哪些？
- 可以改進的項目有哪些？
- 團隊從工作中學到了什麼？
- 還有哪些問題無法解決？

　　舉例來說，「4L型」回顧會議中，團隊成員會提出他們喜歡的（liked）、學到的（learned）、缺乏的（lacked），以及想要的（longed for）。另外一種類型的回饋會議是提出令人感到生氣的（mad）、難過的（sad）、開心的（glad）。「停下、開始、繼續」型回顧會議對調整團隊方向很有幫助。「帆船型」回顧會議中，團隊會討論有哪些包袱拖累了工作進度，以及哪些助力（風）可以推動專案往前[40]。

　　若有會議引導師可以在回顧會議中引導對話，確保每個人的聲音都能被聽見，才能達到最大的效益。企業家大衛・霍羅威茨針對這點有更深入的闡釋：

　　用「開放麥克風」模式來進行回顧會議基本上行不通，最後會變成少數幾個人主導會議，而其他95％的與會者就只是安靜地聽，一邊玩手指或是看手機。分散團隊中，這種困擾有增無減，因為躲在科技後面太容易了。回顧會議需要有人引導，這樣才能讓所有成員都參與對話。

　　　　　　　　　　——Retrium共同創辦人暨執行長大衛・霍羅威茨[41]

霍羅威茨共同創辦了Retrium軟體公司，這是研發提升線上回顧會議參與度的軟體。Retrium軟體把實體回顧會議的視覺工具搬上線，例如掛圖和便利貼，讓虛擬環境的協作更有效率（更多相關資訊請見「科技與工具」中的回顧會議）。

當然還有其他定期提供回饋的方法。「全球連線」（Bridge Global）資訊科技外包人力公司每週都會向客戶以及員工做滿意度調查，調查使用零至10分制。有些公司會使用WE THINQ，讓所有人利用這個工具給予回饋、發表評論，或是提出問題。這並不是把「填寫表格、收入檔案櫃」的老派調查法搬上線 —— 有些人覺得這種老方法是做白工。WE THINQ上，每個人都可以看到每一份回饋，也可以在回饋下面補充想法或給予回應 —— 藉此促進全組織的溝通。這和前述的IdeaBoxes概念很類似。IdeaBoxes是瀏覽器程式，用法和社群網站差不多，使用者可以追蹤、發表看法。每個看法都會被分類至不同的「盒子」裡，並貼上標籤便於日後搜尋。使用者可以收藏自己喜歡的想法，這樣志同道合的人就可以繼續交流。

另一種搜集回饋的方式是替團隊「量體溫」。有很多不同的線上工具可以用來測量團隊體溫，有些是複雜的評量工具，也有簡單按按笑臉或哭臉的工具（更多相關資訊請見「科技與工具」中的回饋機制）。

數位音樂供應商Spotify使用他們稱之為「小組健檢模型」的方式進行測量。他們會例行舉辦工作坊，讓小組在產品品質、團隊合作、支援協助、趣味性等11個不同的類別中進行自評。接著，公司就可以把從所有團隊蒐集而來的資料製作成一份視覺總覽，並依此規劃接下來的優先順序（見下圖）。以視覺方式呈現數據，密碼就可以變成故事。

不論使用哪種工具，請記得以下原則：

· 化繁為簡。過程要簡單，甚至要讓過程變得有趣。

· 用圖像來呈現數據，讓結果更一目瞭然。

· 定期替團隊量體溫 —— 半年1次是不夠的。至於是要每週1次、每月1次，或是每季1次，端看團隊以及需求，也可能隨著時間改變。

· 處理蒐集到的數據。可以從兩個角度來看數據處理。第一個是實際面：如果不能處理蒐集來的資訊，那替團隊量體溫就沒有意義了。但

是更重要的是團隊士氣：如果一天到晚要員工給予詳細的回饋，卻又不處理蒐集到的答案，不但浪費員工時間，更是在考驗大家耐性。

Spotify也建議：

- 提出回饋機制時要清楚說明你的動機。回饋是為了改進，不是為了批評。
- 不要鼓勵團隊寫下空洞而漂亮的答案，「看起來很優秀」沒有意義。
- 讓團隊一起決定如何使用模型。

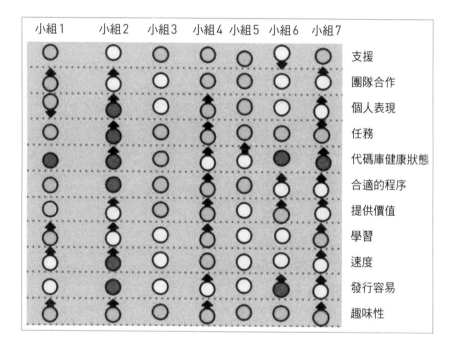

Spotify的健康檢查報告。這張圖表是7個團隊（小組）的自評表。圓圈的顏色代表3種不同的狀態：很好、有點問題、很差。圓圈上的箭頭代表趨勢：往上 = 整體有進步，往下 = 每況愈下。（Spotify）

第8章 領導能力與共同目標 —— 促進團隊的成功

針對回饋機制的細節，Spotify 還提出了一項建議：「盡量用面對面溝通的方式來蒐集資料，而不是透過線上調查」。他們的回饋過程包含一小時的工作坊。工作坊中，團隊會一起進行投票討論 —— 每個成員都有機會參與，後續要追蹤相關措施也比較方便。當然，不是所有團隊都適合這種方法。總而言之，我們還是建議盡可能讓所有人參與回饋機制。

有效化解衝突

現在來談更難解的問題。小紛爭若尚未演變成大衝突，團隊成員可能還有辦法自己化解。解決衝突的第一步是正向溝通並提出有效建議。保持正向溝通的方式有：

- 保持友善，甚至不妨刻意過度友善。
- 永遠預設對方出於好意。
- 忍住想要宣洩強烈情緒的衝動。
- 努力維持有建設性的互動。

若想要把劍拔弩張的情勢變成有建設性的互動，可以：

- 避免批評的字眼。
- 用詞要客觀中立、根據事實。
- 讚賞對方對當下狀況作出的貢獻。
- 一次解決一個問題。

當然，有時還是需要用更具體的手段來化解衝突。以下提供兩種解決衝突並緩解緊張情勢的方法。

回饋總整理：我是快樂梅利的遠距團隊主管，每當團隊成員有一丁點不悅或是感到失望（常常發生），我們就會使用尤爾根·阿佩羅的「回饋總整理」（Feedback Wrap）法。我們會先釐清事情的來龍去脈，接著描述自己目前的困境。然後我們會列出自己觀察到的情形 —— 僅陳述事實。再來，我們

會表達自己的感受。最後提出往前的建議。整個過程的目的是要考慮他人感受並提出解決方案，把傷害感情的可能降到最低。

這種方法最初的設計是以文字進行，但是如果文字內容是負面回應或帶有情緒，就會有點危險 —— 即便用字遣詞已經刻意友善並具有建設性。假如事態嚴重，筆墨難以形容，打電話解決會比較有效。情緒波動太大的時候最好面對面溝通 —— 盡可能實際安排見面。如果溝通遇到困難，可以考慮請個調節者來協助。有人居中協調可以幫助穩定情緒，確保每個人的聲音都能被聽見，努力讓溝通有好的結果。

虛擬枕頭大戰：快樂梅利團隊曾經請專家來幫忙化解衝突，後來演變出一場虛擬枕頭大戰。有幾個團隊成員對其中一名同事很感冒，卻從來沒有說出來。他們內心的不滿日積月累，最後終於爆發了 —— 在Slack的訊息平台上爆炸。這種方式很不健康，所以我們安排了視訊通話，大家一起講清楚說明白。為保持公平溝通，我們指派了一位中立的團隊成員來做調節者。溝通協調中，我們釐清了誤會以及令人誤解的行為。當然不是所有問題都在當下得到解決，但是我們確實有效緩解了緊張的關係。會議結束後，每個人都會認領一項個人要改進的任務，藉此讓未來共事更加順暢。

回饋總整理以及虛擬枕頭大戰都是蘇珊・斯科特（Susan Scott）溝通7步驟中的方法，詳見下表。

蘇珊・斯科特解決溝通問題的7個建議

蘇珊・斯科特在《當溝通變成爭執：逐項解決溝通問題，在工作和生活中邁向成功》（暫譯：Fierce Conversations: Achieving Success at Work and in Life One Conversation at a Time）一書中，列舉溝通出現火藥味時立即解決問題的7個方法。

・點出問題。

- 用具體的例子來解釋你想要改變的行為或是情況。
- 描述你對這個問題的情緒感受。
- 釐清這次事件會造成的問題。
- 指出你對該問題做的努力。
- 表示解決問題的意願。
- 請其他人發表看法[43]。

總之，若是想要培養遠距團隊的向心力，就必須刻意並主動採取行動，且找到維持團隊目標一致的方法，讓其他人知道自己在做些什麼。我們需要盡可能與同事有私下互動，並在議程中加入一些小遊戲。若有餘裕，花點時間實際見面相處。

結論：打造目標一致的強大團隊

我認為挑戰在於知道什麼時候該介入，什麼時候又該放手。我的經驗是，人若擁有目標、具備完成目標需要的工具，又知道你會支持他們，知道自己有空間處理你派給他們的工作，工作表現就會比較好。

——工作解決方案（Working Solutions）人才管理副總克莉絲汀・坎爾[44]

上述涵蓋的面向很廣。一路讀到了這裡，希望你已經找到一些適用於個人情況的解決方案。你已經看過一些針對員工、目標和不同情況的解決方案，是時候讓團隊一起決定該使用哪些工具、程序和準則了。接下來你可以在團隊協議中，記錄你們的工作文化應該包含哪些期望和禮節。

彈性工作小提醒

● ● ●

把實體辦公室的好處搬到線上

- 只要找到提升生產力的工具和方法，遠距工作團隊絕對可以和辦公室工作團隊一樣有效率。
- 確保每個人都可以快速輕鬆取得有效完成工作需要的工具與資訊。
- 定期線上溝通、線上合作。可以考慮每週或每兩週舉辦一次進度會議。替無法與會的成員錄製會議內容。
- 使用線上專案軟體或計畫管理軟體來記錄待辦事項，以及誰在做哪些工作。
- 藉由放聲工作來展現責任感；有些團隊也會紀錄生產力。
- 藉著表揚優秀的工作表現來建立信任感。

團隊建立

- 努力打造和睦的氣氛。
- 盡可能打開視訊，因為視覺連結可以幫助團隊成員建立情誼。
- 鼓勵團隊成員有工作以外的社交互動，藉此聯絡感情。這會需要安排隨性的社交時間，例如線上共進午餐或遊戲之夜 —— 也可以善加利用開會前後的時間。
- 規劃定期讓團隊成員見面 —— 最好是一季一次或更頻繁。
- 團隊一定會出現衝突，但我們可以採取衝突預防措施。舉例來說，協作平台／軟體以及放聲工作法都可以幫助避免溝通

上的誤解以及重複工作。正向溝通技巧可以幫助保持愉快氛圍並且做出有建設性的回應。

- 建立回饋機制，確保溝通順暢。
- 若有衝突發生，解決時要提出具體建議。

第 9 章

● ● ●

用團隊協議來調整工作團隊

　　替你的目標制定明確的程序。工作流程是什麼樣子呢？要怎麼做決定呢？該如何回報工作成果呢？

　　—— 活力文字（Zingword）共同創辦人暨執行長／虛擬團隊管理（Managing Virtual Teams）共同創辦人暨顧問羅伯特・羅吉[1]

　　一般來說，工作團隊習慣一頭栽入、開始工作。如果可以退一步先與團隊成員進行腦力激盪，討論該如何共事、如何溝通，可以省去很多麻煩。

　　—— 全球連線（Bridge Global）與艾基帕團隊（Ekipa）創辦人／分散敏捷專家胡果・梅塞爾[2]

　　簡單來說，遠距團隊要成功，就需要建立共事準則。想像一下管弦樂團演奏交響樂的情境：也許所有音樂家都能把自己的部分演奏得很美，但若沒有事先協調力度（音量）與節奏（速度）—— 特別是樂器是否一起調過音 —— 演出可能會變成一場災難。管弦樂團需要事先決定各面相的細節，才能創造出最美妙的樂聲。同理，遠距工作團隊也需要事先決定共識方式，才能有最好的工作成果。

我們可以藉著共同制定團隊協議來替團隊「調音」。團隊協議詳載所有團隊準則，包括哪些資訊該共享、團隊成員如何溝通，甚至是如何知道誰在做些什麼。事實上，團隊協議就是黏合劑，可以提升團隊凝聚力。有一套基本共事方針可以減少誤解、降低與團員產生嫌隙的可能，進而提升凝聚力。但是該怎麼做呢？可以提供一個平台，讓團隊成在平台上化解疑惑。再次引述第8章中浩爾・B・艾斯賓的觀點：「我們看不見彼此，又都在各自的地點工作，很有可能產生誤解。若是知道團隊的行為模式，溝通就會更有效率[3]。」

舉例來說，關於「何時完成工作的細節面」這件事，Sococo 的員工在團隊協議中決定遵守工作時程，因為這樣可以提升他們的生產力。快樂梅利的工作團隊則選擇自定工作時間，因為共同工時對他們意義不大。許多公司採中庸之道，一週當中有些時間是共同工作時間，剩下的時間員工可以自由決定工時。

另一個常見考量是一致的目標。如投資管理合作夥伴德瑞克・史庫格所言：「我們很注意彼此的溝通以及公司文化，因為線上工作沒有茶水間可以進行即時討論。我們使用聊天工具，並且每天舉辦線上站立會議，討論當日公事。我們每週也都會舉辦回顧會議，聚在一起聊聊團隊現況[4]。」

後面我們會討論如何擬定團隊協議。現在，先來看看團隊協議需要列出哪些事項。

溝通

溝通這件事，對整個團隊會產生很大的影響，會決定團隊的生產力獲得提升，還是降低。

制訂企業文化

法蘭西斯‧傅萊（Frances Frei）和安妮‧莫里斯（Anne Morriss）在《哈佛商業評論》的文章〈執行長離開辦公室之後，企業文化就成了老大〉（Culture Takes Over When the CEO Leaves the Room）中，替公司文化下了定義：

自發性的行為由文化決定。員工手冊中未能明定的事項，就由企業文化發揮作用。遇到無前例的服務需求時，企業文化會告訴我們該如何回應。文化也會告訴我們是否應鼓起勇氣把新想法告訴老闆，以及遇到問題時要提出還是隱瞞。員工每天都要自己做上百個決定，而文化就是我們做決定時的指引。執行長不在辦公室的時候（執行長通常都不在辦公室），文化會告訴我們該怎麼做[5]。

虛擬團隊中，執行長幾乎不太現身，所以必須找到其他方法來確保員工的行為與公司文化一致。舉一個例子，快樂梅利的團隊在Slack上有個#價值頻道，大家會在該頻道討論自己遇到的困難抉擇，以及自己如何做決定。這個頻道是很好的資源，可以幫助面臨類似難題的成員使用團隊共同建立的價值觀來做決定。

有時候，「偶然」可以矯正錯誤，好比你偶然發現某人正在做你已經完成的工作，或是你不小心聽到某件事，並從中發現問題。但是遠距工作沒有這種「偶然」發現問題的機會——所以建立溝通程序真的很重要。

——Formstack董事長／Jell共同創辦人阿德‧歐隆諾[6]

與遠距團隊共事時，如果你問軟體專案為什麼出包，得到的答案一定是「溝通問題」。
——全球連線（Bridge Global）與艾基帕團隊（Ekipa）創辦人／分散敏捷專家胡果・梅塞爾[7]

要持續不斷地付出努力，溝通才會成功。從來沒有一個團隊（不論是集中或遠距）跟我表示他們從來沒有遇過溝通問題。每個團隊都有自己獨特的溝通方式以及不同的性格組成，我們的目標是要找到團隊適合的溝通工具與準則。

要達成這個目標，我們必須要：
- 決定何時該使用哪些工具，以及使用原因。
- 確保每個人都具備需要的軟硬體工具。
- 替所有的互動，都制定禮節準則。
- 達成共識：溝通時要假設彼此都懷抱善意。

再次引用德瑞克・史庫格的話做例子：「我們使用聊天工具並且每天舉辦線上站立會議，討論當日公事。我們每週也都會舉辦回顧會議，聚在一起聊聊團隊現況。」所以，執行團隊協議的一個關鍵是決定使用哪些工具（聊天工具）和作法（每天還是隔週開會回報）來保持團隊目標一致。

溝通工具：該使用哪些工具？什麼時候使用？為什麼使用？

為了達成有效溝通，以下幾個原則非常重要。

把視訊變成習慣，尤其是開會時。有些人可能認為視訊對某些類型的溝通來說是多此一舉，但是我訪問的遠距團隊成員大多表示，固定使用視訊是提升工作流程效率的關鍵。視訊也很適合用來傳遞複雜的訊息，人類是高度依賴視覺的動物，因此視訊訊息比電子郵件更加有效。

一定要有數種溝通管道。不用想也知道這當然是為了預防軟體出錯。但是除此之外還有另一個好處：不同的情況適合不同的溝通管道。

我們使用聲音和視訊工具，也使用文字聊天軟體，因為如果聲音和視訊工具故障，就會需要找其他方式繼續討論。要具備足夠的科技知識才能使用不同的科技，還要有替代方案，以免手邊的科技出差錯。

——桑納泰普（Sonatype）敏捷教練馬克·基爾拜[8]

在線上的時候，針對事實溝通就好，把複雜的的情緒留到寬頻視訊通話或面對面溝通。

——Signavio 顧問彼得·希爾頓[9]

要能遠距而不疏離，一定要有真實的對話。必須能夠快速即時表示贊同或反對。這是電子郵件的一個缺點，電子郵件能傳遞的資訊量大，卻少了即時性。而即時性是健康溝通的要件。

——「遠距而不疏離」（Virtual not Distant）總監皮拉兒·歐蒂[10]

要從非同步溝通模式（電子郵件或簡訊）切換成同步溝通模式（電話或視訊）。「非表達性」的溝通模式（如電子郵件或簡訊），無法傳達肢體語言或說話口氣，如果對話內容易造成誤會或帶有情緒，這種溝通模式就很容易出錯。所以很多人建議，一但出現需求，就要立即從較靜態的溝通模式切換成較人性的溝通模式。

一對一即時通訊很容易令人心累。通常我們訊息傳一傳，就會有人按下語音鍵，把對話變成語音模式。遠距團隊在切換溝通模式時要能無縫接軌。一切都要快——要和在辦公室走到某人旁邊一樣快，甚至更快。

——「河流機構」（River Agency）首席營運長湯姆·霍威特[11]

我們可以用完全不同的方式工作，工作時獨立於彼此，但是在需要的

第9章　用團隊協議來調整工作團隊

時候馬上聯繫。我們通常使用非同步溝通模式，視需要切換成同步溝通模式。電子郵件溝通不順暢時，我們就會約時間上Skype。通常簡短聊一下就可以解決問題。

——「所有人的演化」（Evolution4All）管理顧問 創辦人
路易斯‧岡薩維斯談遠距合作寫書[12]

達成使用工具的共識 —— 使用時也要遵守原則。一般來說，遠距團隊成員習慣使用自己喜歡的工具：有些人喜歡電子郵件、有些人喜歡即時通訊、有些人喜歡Slack。但是，為有效溝通，團隊成員必須在使用的工具以及使用禮節上達成並遵守共識。保羅‧貝瑞在《哈佛商業評論》的文章〈全球虛擬團隊溝通秘訣〉（Communication Tips for Global Virtual Teams）中指出，他的團隊成員來自超過20個不同國家，以電子郵件為主要溝通模式，藉此保持溝通模式一致。電子郵件之所以適合他們，是因為每個成員都答應把收信當成「優先處理事項」[13]。

一旦決定了要在什麼時候使用哪種類型的工具以及理由，就需要開始選擇工具。舉例來說，數位創意公司Sanborn的合夥人克里斯‧哈薩表示：「對我們來說，交錯使用Slack、Tello、Trello、Google Apps for Work和Zoom最方便。我我們一直不斷在嘗試新工具，也視需要整合這些工具[14]。」完全分散會計公司Why Blu的史考特‧霍普也分享了他們的方法：「我們使用Asana、Slack和G Suite。不到5分鐘的快速溝通用Slack。需要多方建議、超過5分鐘的溝通，就用Asana。內部溝通時不使用電子郵件，電子郵件是對客戶時使用[15]。」下表是軟體開發公司SitePen使用的各種不同工具。

軟體開發公司SitePen的工具組

專案管理經理妮娜‧涂恩（Nina Tune）分享了SitePen完全分散網路開發團隊使用的工具：

專案管理與客戶介面：我們目前使用Redmine來追蹤3種不同類型的工作項目：內部工作、客戶端，以及客戶支援。我們已經使用Redmine好一陣子，也持續調整設定來符合我們的需求。我們也不斷在評估其他工具，現在就在評估的過程中。我們公司有個不變的規矩，就是與客戶溝通時一定要使用其中一種工具做紀錄，讓所有人都可以看到溝通內容。我們不追蹤電子郵件往返紀錄，重要事項全使用Redmine。

文件：我們使用G Suite、Email、行事曆，還有最重要的Google文件和Google試算表。遠距公司一定要能讓團隊能協作文字文件，這點非常重要。

寫程式：我們使用GitHub來處理客戶專案、內部開發功能，以及開源專案（Dojo2）。有些員工也用ZenHub來縱覽存放於GitHub的資料，進行管理。

聊天：Slack是我們每天聯絡的管道。我們有數個Slack頻道，有客戶相關工作頻道，也有電影爆雷頻道。我們有將近3千個自訂表情符號 —— 有些可以用來快速回答問題，有些純粹很好笑。

語音通話／視訊／螢幕共享：團隊成員聊天一樣使用Slack，客戶通話則使用GoToMeeting。這兩個程式啟動都很迅速，所以我們可以隨時通話[16]。

團隊決定好使用哪些工具之後，就要確保每位成員都熟悉工具的使用方式。有些團隊喜歡花上幾週或幾個月的時間測試工具，再決定是否選用，所以有時候選擇階段跟熟悉階段是綁在一起的。

要記得，每個人都有自己喜歡的工具。有些人喜歡某些工具的理由很怪，也有時候某種完美工具對某些團隊就是不管用。有次我用wiki建了一個支援手冊，我的設計根本完美，所有資源都附有超連結，可以連到其他頁面，而且每個人都可以隨時上去更新資訊。結果沒人使用。大家還是喜歡獨立

的Google文件。所以，工具再怎麼完美，團隊不使用也無用。

溝通禮節：如何溝通

遠距溝通就像是在跳兩步探戈。
——「敏捷維度」（Agile Dimensions）創辦人「敏捷比爾」‧克伯斯 [17]

接下來是如何建立團隊互動禮節規範，這是團隊協議中的how的部份。這是表達個人偏好的機會，對團隊很有助益，因為一個人習慣的溝通方式對別人來說也許並不討喜。

舉個例子，我曾經有個同事把電子郵件當成即時通在用。她不會在一封信中把事情交代完，而是把想法分成好幾封信連發。一開始有點煩人但尚可接受，反正要刪掉多餘的郵件也不是難事。但是時間一久我就開始盡量避免跟她溝通。在遠距團隊中，實際距離已經是個障礙，若又出現情緒距離，可能就會帶來毀滅。小不爽很可能累積成大困擾，建立起溝通的基本原則就可以維持通暢的溝通管道，讓團隊運作更加順暢。

至於訊息數量，顧問彼得‧希爾頓表示：「傳訊速度不要超過收訊的速度，也不要超過別人傳訊的速度 [18]。」

顧客協助專家蘿拉‧魯克在使用即時通訊時，感冒的點倒不是速度：「我把即時通當作一般對話。在實體世界裡，你不會打電話到某人辦公室，劈頭就說『我有個問題要問你』，然後跑掉。所以，不要傳訊給別人又不回。這樣很像打完招呼就閃人 [19]。」

訊息出現可能會打擾工作，所以對很多人來說，溝通禮節最重要的是溝通時機、內容的急迫性，以及回覆需要花費的心力。

前面蘿拉‧魯克提到「打完招呼就閃人」很討人厭，因為即時通訊的意義在於「即時」。也就是說，這個打擾來得快、時間短、討論完畢時雙方都會知道（我們在第4章中提到有個員工使用即時通訊時小心翼翼、打字又慢，導致收訊人很困擾，感覺自己總要盯著螢幕等他到底要說什麼）。

再舉一個例子，我認識一個人曾與兩名外包自由業者合作，他們的工作

內容常需要提問。其中一名自由業者會累積好幾個問題，一次打電話問完，另外一名則是一有問題就打電話問。一次問完的自由業者和聯絡窗口建立了良好的關係，另一名自由業者就不是這麼回事，窗口一直接他的電話實在很煩，同事關係於是破裂。

雖然我個人喜歡「寫1封信，全部問完」的做法，但是我以前有個同事很討厭1封信裡面有一大堆問題。她一天會收到2百封以上的電子郵件，用她的話說，這些大多都是可以「馬上解決的小問題」。當天的會議結束，可以開始處理電子郵件時，她希望可以趕快處理好。所以對她來說，收到當下沒辦法馬上處理的訊息不僅會讓信箱爆炸，更會拖累她的工作進度。

一封信一件事還有個另一個附加好處，就是信件主旨跟信件內容較能一致。思科系統的哈桑・奧斯曼建議根據對話內容修改信件主旨，這樣未來要搜尋資訊會比較方便。很多人使用 Slack 作為主要溝通工具的原因，也是因為它有這種易於搜尋的特性（還可以設定不同的頻道主題）。（後面的 Slack 禮節段落會列出頻道以及主題分類的使用方式）。

應該不難想像，討論共識時請成員提出自己喜歡的溝通模式會很有幫助，一個原因是，這是團隊成員彼此了解的好機會。此外，團隊協議也可以列出團隊不想遵守的「標準」專業準則。舉例來說，第7章「接受並妥善使用視訊」的段落中，有提到如何以專業的方式使用視訊，尤其是針對在家工作的遠距工作者。理想狀態是，在居家辦公室進行視訊通話，要和在辦公室進行視訊通話一樣專業。但是，敏捷教練馬克・基爾拜也在第8章中表示：「我的團隊中，如果某人的小孩忽然出現在背景打了個招呼，或是有家人忽然經過，沒有人會覺得不高興。其實這樣還可以幫助增進感情[20]。」

以下列出的團隊溝通禮節，是我們在快樂梅利使用Slack時大家都遵循的的禮節。

團隊協議範例：Slack 禮節

　　Slack 是雲端群組訊息／團隊協作工具。下面是快樂梅利工作團隊的 Slack 禮節規定。快樂梅利是全球性專業快樂協會，而我是該協會的遠距團隊主管。

- 個人要負責管理自己的停工時間以及停工通知。
- 要某人看訊息時，用 @ 標註對方。
- 使用不同的頻道討論不同的主題。
- 視需要使用對話串（threading）。
- 若有疑問，請把相關訊息發在所有人都可以看到的空間。
- 提到某個 Slack 頻道或名稱時，務要使用 # 標出連結。
- 使用 Slack 發派工作任務。如果任務規模較大，完成期限在一週以上，請同時使用 Trello 建立任務卡片，並在 Slack 中放上 Trello 任務卡片的連結。
- 遇到衝突時：一般狀況下，進行一對一溝通。如果你決定要讓大家知道這次衝突，# 枕頭戰頻道是專門用來解決衝突的管道。
- 發文時，清楚表明你的需求並提供前因後果。使用完整的句子。針對討論內容提供相關連結（Trello 卡片、Google 文件等），讓每個人都可以連至相關資訊。如前述，可以使用對話串依照主題整理對話。
- 傳訊給別人時，提供對方需要知道的所有相關資訊，方便對方抽空回覆。附上相關連結、文件、截止日以及希望的回應時間 —— 提供所有可以讓非同步對話更加順利的資訊。
- 如果發出的訊息有錯，可以編輯訊息，不要重發一篇正確版本。記得使用對話串解釋清楚。

> ・可以考慮用合適好懂的表情符號來精簡訊息（或是減少非必要訊息）—— 例如使用讚／倒讚來投票[21]。

溝通時的心態

雖然我們已經在上一章談過溝通心態，但值得再提一次。調整團隊的最後一個關鍵是，團隊必須同意用正向心態進行溝通。原因很簡單，誤解通常是在看不清事情全貌時發生，而這些誤會可能會使團隊分崩離析 —— 生產力自然不可能好。小小的不愉快會聚沙成塔，所以盡快化解誤會就成了優先處理事項，如此才能重整士氣。簡言之，不要醞釀負面情緒。如果某件事讓某個團隊成員感覺不舒服，就要提供該成員表達感受的機會。但是表達感受的關鍵是要預設對方出於好意，同時，用詞要具建設性，不能一味批評、怪罪。我們會從跨文化溝通的面向切入，再次討論這個主題。但是在探討不同的文化之前，先來看看分散在不同時區的團隊要注意的遊戲規則。

時區問題

> 時區問題仍是個關鍵。有些人得熬夜，有些人得早起。
> ——Playprelude.com 執行長浩爾・B・艾斯賓[22]

住在日光節約時區的人都知道，在日光調節的第一個週一，提早1個小時或是晚1個小時上班是多麼混亂。如果你與不同時區的人共事，一定會遇到調整時間大亂鬥。好在，若能對時區差異有更清楚的意識，再藉著下面幾個小秘訣的輔助，就可以把這種混亂降至最低。

選定特定時區來規劃工作流程。在規劃工作流程的時候，選擇一個特定時區作為預設時區。舉例來說，如果你的團隊成員分散在布魯塞爾、倫敦和紐

約，而多數成員都在倫敦，就使用倫敦的標準世界時間（以前叫做格林威治時間）來規劃團隊互動時間。標準定好之後，就可以避免誤解與時程規劃的失誤。

使用共享行事曆。使用共享行事曆也是減少誤解和規劃失誤的方法 —— 一樣要選擇特定時區作為標準。此外，如果團隊中有來自不同國家或不同文化的成員，最好也把國定假日寫在行事曆中。

有效管理團隊。若要先完成某些任務才能進入下一階段，試著由東至西安排作業流程，避免時差問題。同樣，最好把需要同步協作的工作指派給相同時區的團隊成員，不論他們實際的距離有多麼遙遠，這又叫做「南北向」派案法（後面會有更詳細的解釋）。

提升你的時區意識。雖然是根據選定時區來安排工時，還是要了解遠距同事時區。我的團隊使用時區應用程式來規劃線上互動時間。這對快樂梅利這種性質的工作團隊非常管用，快樂梅利團隊的八個核心成員來自四面八方，從加拿大里賈納（Regina）到印度維沙卡帕特南 —— 時差將近 12 小時。這種現代工具比起用古法計算團隊最大時間差（如下圖）實在是方便許多。更多相關資訊請見「科技與工具」中，「細節／後勤」的時區表。

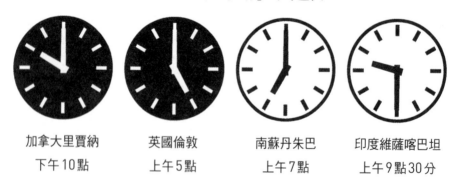

加拿大里賈納	英國倫敦	南蘇丹朱巴	印度維薩喀巴坦
下午 10 點	上午 5 點	上午 7 點	上午 9 點 30 分

再次確認時間。養成再次確認會議時間的習慣 —— 並以上述時區應用程式作為輔助。

讓同事知道你有時區意識。我固定會和早我9個小時的一位同事通話。電話接通後，我總是會先說：「早安！晚安！」藉此表示我很清楚她的所在時區。我手機上的雅虎氣象應用程式中也會顯示她的所在地，這樣我在看她的時間時也可以大概知道當地天氣如何。知道那裡是晴是雨，多少能給我更深的連結感。

善用重疊的時間。把協作項目安排在所有團隊成員都在工作的時間。

溝通時要言之有物。指派任務時未能提供關鍵資訊，會加劇時區差異造成的問題。指派任務時，應該提供對方完成工作需要的所有相關資訊，例如連結、文件、截止日，或是希望的回應時間──所有可以幫助非同步對話更順利的資訊。對某些團隊（或某些類型的溝通）來說，建立工作版或工作清單是個不錯的方法，如此便可以確保派案時能一併告知所有重要資訊。

知道每個人的偏好。派翠克‧沙奈克（Patrick Sarnacke）在Mingle網誌發表了一篇〈以視覺方式呈現分散團隊的時區問題〉（Visualizing Time Zone Challenges for Distributed Teams），他在文中分享自己的經驗，提到同事對午餐時間（甚至是午餐需求）的偏好。

在美國，我們很習慣外帶速食回辦公室吃。但是在其他國家，午餐可不能這麼隨便。午餐是巴西一天當中最重要的一餐，如果一天到晚在午餐時間安排工作，會導致士氣嚴重下滑。在中國成都辦公園區，員工餐廳用餐時間很集中，也就是說，如果不能在中午12點半之前吃午飯，就挑不到自己喜歡的菜色，如果不能在1點之前吃午飯就沒飯吃了[23]。

公平原則。如果一定得在團隊成員工時以外的時間安排工作，每個人都需要共體時艱，願意在凌晨或半夜討論工作事宜或開會。

不同的時區與分散在世界各處的團隊

　　當時區差異很大，或是某時區的團隊會需要其他地區團隊的資訊或指令，才能進行下一步的工作，這時候就需要做更多安排。如第6章所述，雇用位在同一個時區的員工或是雇用重疊工時夠長的員工，可以解決這個問題。

　　經驗老道的遠距團隊可以透過簡單的規劃來維持穩定的生產力。Blossom副總塞巴斯欽・哥斯克（Sebastian Göttschkes）為了避免工作延誤，總是妥善規劃自己的行程[24]。為了能得到所有人的意見，ScrapingHub執行長帕布羅・霍夫曼（Pablo Hoffman）會在成員重疊的工時安排團隊通話，「強迫」大家做出決定[25]。快樂梅利的完全分散團隊中，萊恩・范・魯斯麥倫想出了一個提升決策效率的妙方，叫做「提案文件」。提案文件使用Google文件，每個成員都有該文件的權限，文件內容包含：要做的決定、利弊分析、其他資訊與建議等。透過這種非同步溝通模式，每個人的聲音都能被聽見。

　　最後，RebelMouse執行長安德烈・布里安納（Andrea Breanna）表示：「也可以確保每個人的工作清單上都有好幾項任務，避免溝通不順衍伸出的麻煩。如果某件事因為溝通問題卡住了，遠距員工就可以利用等待回應的時間來處理清單上的第2項或第3項任務。如此一來，不論你身在世界何方，都可以全力以赴[26]。」

　　接下來，讓我們來看看文化差異這個因素。

跨文化／多語工作環境的遊戲規則與禮節

　　有人認為不同的文化就只是不同的國家。但光是在美國，生長在紐約市中心的人，與鄉下農村阿米許人（Amish）社區長大的人，雖然都是美國人，但彼此天差地遠。文化具有世代特性，是不同的生活經驗，也是個人特色。某種程度上來說，所有事物都代表不同的文化。如果我們能有這種觀念，就會有好奇心，會想更深入了解個體間的差異。
　　——「人性化科技」（Human Side of Tech）工作環境創新者凡妮莎・蕭[27]

若團隊成員橫跨不同時區，或跨越了國界，腳步的一致就更加重要了──假使不同文化還包含不同語言，更是如此。上面那段引文鼓勵我們敞開心胸、深入了解個體之間的差異。能有這樣的意識，並能尊重、欣賞人與人之間的差異，才能讓共事更加順利。

首先，我們要拓展世界觀。文化背景會影響我們回應他人的方式。在同一個地點與不同文化的人合作時，可以藉著觀察對方的「社交線索」來了解彼此之間的差異。但是當我們和同事不在同一個辦公室時，就失去了重要的環境脈絡──就算使用視訊溝通也一樣。缺乏環境脈絡可能會造成誤會。因文化而產生的誤會有個很難處理的特性：不知道的就是不知道。

只要願意花時間了解他人，不論與誰共事、在哪裡工作，都能成功。盡可能花心思了解遠距同事的傳統與習俗──最好也想辦法了解這些習俗背後的動機與原因。

例如在某些文化中，直接表達是不禮貌的行為；有些人覺得坦然接受他人稱讚，代表自己很自大；有些人認為尋求建議或求助，代表自己是弱者；有些人想要先知道上司的意見，然後才願意表達自己的意見；有些人在得到團隊整體意見之前，都不願做決定。如敏捷教練萊恩・范・魯斯麥倫所言：「我們每個人都有自己的使用者手冊[28]。」

我有很多受訪者表示，對遠距同事做的事（或是沒做的事）妄下斷論相當危險。舉例來說，你和一個同事進行視訊通話，但是她一直迴避眼神交流。你可能自然會以為她很害羞或很失禮──於是你不小心對這位同事產生誤解，後來導致你們之間無法建立穩固的工作夥伴關係。但其實在她的文化中，眼神接觸是不禮貌的。

幸好，要發展出良好的遠距工作夥伴關係，有許多方法可循。

當然每個人都有自己的特質。而不同地區的人的行為模式還是有跡可循，溝通方式尤其明顯。所以你必須意識到差異的存在，訓練自己不要那麼快做出反應。

── 自雇產品經理費南多・加利多・瓦茲[29]

有些人高估了文化帶來的影響，其實到頭來不過就是一群人一起工作。在我來看，重點不在於跟哪一種文化共事，想辦法習慣就好。如果辦公室來了一個新同事，你也是要習慣。想辦法適應就好。

—— 全球連線（Bridge Global）與艾基帕團隊（Ekipa）創辦人／分散敏捷專家胡果・梅塞爾[30]

首先，讓我們來討論「心態」在「發展出良好的遠距夥伴工作關係」這件事上，扮演什麼樣的角色。

互相尊重、表達感謝

敏捷教練胡果・梅塞爾言簡意賅地點出：「接受不同文化存在的事實，想辦法根據不同的文化調整做事方式[31]。」接下來我們會談到根據不同文化調整行事風格的方法。然而，我們先來深入了解什麼是尊重與欣賞。

有時主管雇用遠距員工確實是為了省錢，但是在選人時，還是會仔細評估這些員工可以帶來的貢獻。在考慮其他文化背景的求職者時，不應因為無法避免的「缺點」而扣分，比如「他很優秀 —— 但是語言上會有點問題。」多元背景的工作團隊帶來的好處通常多於壞處，這是事實。

裴吉的「番茄醬理論」

密西根大學複合系統教授史考特・E・裴吉（Scott E. Page）在他2007年的著作《差異性：如何運用多元的力量來打造更優秀的團隊、企業、學校與社會》（暫譯 The Difference: How the Power of Diversity Creates Better Groups, Firms, Schools, and Societies）中，使用一個常見的情況來說明多元團隊的價值。討論由一個簡單的問題開始：「你把番茄醬收在哪裡？」有些國家的人把番茄醬放在冰

箱，但有些地區的人卻把番茄醬放在食物櫃。

　　裴吉接著問：「假設你的番茄醬放冰箱，但番茄醬用完了，那你會用什麼代替番茄醬？可能是美乃滋，可能是芥末，因為這些東西都放在番茄醬旁邊。但是如果你是把番茄醬放在食物櫃的人，你的番茄醬用完了，食物櫃中番茄醬旁邊的是什麼呢？是麥芽醋[32]。」

　　裴吉要表達的是：面對兩難的時候，若團隊中都是把番茄醬放在冰箱的人，會很容易只在狹小的範圍找尋解決方案。但是如果團隊中也有把番茄醬放在食物櫃的人，就會向外尋求資源。這兩種人一起工作，可以帶來更創新的解決方法。

　　到頭來，與其他文化的人一起工作就要尊重差異，欣賞他們能帶來的特殊貢獻，這樣可以強化所有人對團隊整體的貢獻 —— 包含你自己。

　　「創業小分隊」（StarterSquad）共同創辦人提習亞諾・貝魯奇用以下3點來總結自身經驗：「第一是聆聽。如果不能傾聽別人的聲音，就不能深入了解其他人。其次，不要預設立場，應該要直接發問。多數人都很願意回答關於自己的問題。其實這點我是經歷很多痛苦才學會。第三，不要認為對方是針對自己[33]。」請特別留意，雖然貝魯奇把不要預設立場放在第二點，在我的受訪者的回答中，這點頗為常見 —— 其他建議還有後續的：「直接提問，保持好奇。」同事回答你的問題時，要仔細聆聽他們說的話。

　　不要覺得別人是針對自己，從另一面來看，就是要相信同事沒有惡意。前面提到的保羅・貝瑞從幾個不同的面向來強調正面心態的重要性。貝瑞建議要「拿出正面態度」—— 特別是使用電子郵件時。這是因為有時發信者會自以為很友善，但在收信人看來很可能並非如此。同樣，貝瑞也鼓勵自己的團隊要提出建議，而非一味批評。收信人若能得到正面回應，感覺自己的貢獻得到認可，就會更願意聽取建議、作出調整。貝瑞也補充道：「一般來說，我想要稱讚某人時就會立刻發訊息。但是當我想說負面的話的時候，有時我會給自己一些時間思考 —— 停下來思考的結果通常都不錯[34]。」

從另一個角度來看，尊重和欣賞其實就是努力了解團隊中其他人的文化。若能試著把同事母語的基本詞彙學起來就更好了，尤其是招呼用語。更多相關資訊請見書末相關資訊列表當中「延伸閱聽資料與諮詢服務」的「參考書籍與手冊」。

當團隊中需要採用多語溝通

溝通非常重要，而多語溝通又是溝通中的一大學問。前面談過，團隊工作時要選定一個標準時區，同理，多語團隊也必須選擇工作使用的標準語言。要能統整多語工作團隊，這大概是唯一的方法，但是這樣某些成員就必須使用非母語來說話、書寫。對於工作語言不流利的成員來說，這樣當然比較不不利。

文字上的不利尤其明顯，因為對很多人來說，說外語比寫外語容易。不過也有些人覺得困難之處在於理解濃厚的口音。不論如何，這都可能衍伸出各種誤會。

解決這個問題最好的方法就是，邀集整個團隊成員，一起開誠布公的討論這個問題，這樣你就可以評估團隊會遇到哪些語言障礙，並且知道每個同事慣用的解決方案。舉例來說，Conteneo設計了Weave決策支援平台，平台內建聊天界面以及決策框架。執行長盧克・霍曼解釋：「多語工作團隊做決策時會需要一些時間仔細思考各種選項。Weave內建的聊天功能就可以幫助團隊做出決策並採取行動。」

這樣的對話看似容易，但要記得，某些文化背景的人可能不太願意表達自己的看法。戴文・巴格旺丁在他的文章〈解決遠距工作團隊文化／語言差異的問題〉（Managing Cultural and Language Divides Within Your Remote Team）中解釋，來自日本的員工通常英文口語沒問題，溝通無礙，但卻不太表達自己的想法，「因為日本傳統文化不允許他們在工作場合發表意見。」所以巴格旺丁建議用以身作則的方式，「從第一天開始就鼓勵公開透明的討論，國際團隊更需如此[35]。」若想要有效知道團隊成員是否不願意表達自己的想法，可以請團隊成員填寫匿名問卷，要他們在問卷中提出建議，或是自己碰到

的問題。接著可以以身作則，強調各種提問與想法都歡迎 —— 因為問題和建議對團隊建立和生產力都有助益。

　　整體來說，有兩個措施可以解決多語工作環境會遇到的大部份困難。一，盡量避免使用行話、術語、俚語。二，大量溝通，甚至過度溝通都可以。

　　但是要注意，虛擬團隊管理顧問公司的西爾維娜・馬丁尼斯（Silvina Martínez）指出：過度溝通不等於無時無刻與團隊成員交談，或每天發好幾千封信。過度溝通其實就是「更努力解釋你要表達的內容[36]」。事實上，要確保團隊所有成員都能取得需要的資訊，最好的方法就是「傳達好多次」，並且不要只用一種方式表達 —— 甚至可以用不同的語言再說一次。通話結束後，還可以發信確認剛才討論的內容，釐清你想表達的意思，面對不願意提問的成員時更需如此。布里・雷諾茲也建議，一有不懂就要提出。盡量採用開誠布公的溝通方法。

　　也可以用各種不同的方式，一再強調訊息。以視覺來舉例，約翰・蘭普頓在《快速公司》（Fast Company）雜誌文章中建議，盡可能多使用標誌、提示卡以及其他視覺輔助元素，尤其是在提供指導或解釋工作時[37]。Sococo的「以人為本的溝通」（People-Centric Communications）網誌這樣形容：「溝通的時候，必須先想清楚，如何運用視覺輔助來傳達訊息[38]。」我們用以下的內容來進一步介紹，關於傳達訊息時的視覺輔助。

用圖說故事

如果想要運用視覺元素來加強溝通，可以這樣做：

- **表情包**：群組對話時，可以用表情符號輔助文字回應，例如愛心、笑臉或是讚（這還有另一個好處，大家通常認為表情符號是友好的表示 —— 如第8章所述，保持友善是好習慣 —— 過度友善也無妨）。
- **稱讚小卡**：可以使用Kudobox.co在推特上發感謝圖片。

- **影片**：與其發電子郵件，不如傳送影片訊息。
- **虛擬會議卡**：線上會議中想要發言時，打斷討論會有點尷尬。但是有了虛擬會議卡就可以舉牌表示「你按到靜音了」或是「你連線不穩」，甚至是「暫離一下」。我很喜歡這種做法，所以我設計了一組24張美麗的「超級協作卡」，在我的網站上販售（https://collaborationsuperpowers.com/supercards）。
- **線上文件或線上試算表**：舉個虛擬協作優於集中工作的例子。團隊一起編輯線上文件或是試算表時，每個人都可以清楚看到手邊的文件，也可以同時寫筆記、問問題，或是做修改。分散敏捷團隊教練路西斯・巴比柯維茲使用試算表讓線上協作變得更強大：「我們使用簡單的線上試算表，把想法視覺化，並在會議中做筆記。每個人都可以同時編輯，實體會議的掛圖有時都沒這麼好用[39]。」
- **虛擬白板或心智地圖**：這種方法的好處類似於前項。虛擬白板或心智地圖也可以幫助集中注意力與專心交談。
- **實體白板**：不要害怕「低科技」！把視訊鏡頭對準實體白板，在白板上寫字或是畫圖是很有效的溝通方式，這樣可以幫助觀看者記住資訊。學術人生教練葛瑞成・偉格諾在教書時會使用小白板來創造視覺畫面。只要確認燈光沒有問題就可以了。
- **視覺圖像**：快樂梅利的工作團隊做過一個實驗，請每個人用自己的方式畫出公司經營模式，再分享螢幕畫面給其他成員。結果是大家的圖天差地遠，我們便馬上發現事態嚴重──這比語言溝通有效多了。
- **Prelude**：這是虛擬團隊建立信任感的工具，使用互動式白板，大家一起畫出每個人的人格特質、長處、才能以及資產（可以參看www.playprelude.com）。

建立團隊協議

接下來，我們要談談如何建立一個團隊的協議。方法有很多，例如「團隊畫布」（Team Canvas）採用「業務模型畫布」的方式（Business Model Canvas）（http://theteamcanvas.com）；而「管理3.0」（Management 3.0）則用「指定負責人」功能來指派決策者（https://management30.com/practice /delegation-board）——這些都可以與團隊協議並行。我個人推薦「蓋蘭集團」（Garam Group）工程師非爾・蒙特羅設計的「資訊、溝通、協作工作流程（ICC Workflow）」，團隊成員可以藉著腦力激盪找出最佳解決方案，以滿足團隊在資訊、溝通以及協作上的需求（見下方框以及第4部末尾「更多資源」中的「遠距團隊協議」）。

「ICC Workflow資訊、溝通與協作工作流程」團隊協議參考內容

記錄你的文化，這種紀錄不只是為了自己，也可以幫助團隊維持你的文化。

——阿米諾支付（Amino Payments）工程部資深副總傑瑞米・史坦頓[40]

資訊：你需要分享哪些資訊？你需要團隊成員分享哪些資訊給你？我們是否應該使用中央檔案管理系統？是否應該使用中央工作管理系統？是否應該使用共享行事曆？你需要共享資料庫的權限嗎？你喜歡如何記錄時間？你擔心安全性的問題嗎？

溝通：你會使用以下哪些工具與團隊溝通：電子郵件、簡訊、即時通訊、電話、視訊通話、視訊聊天、虛擬辦公室、實際見面。每種工具的預期回應時間是多久？針對特定工作／特定情況，你想

要用哪一種工具作為預設溝通管道？是否應該制定每個人都能上線的核心工作時間？如果團隊成員分散在不同時區，應該使用哪一個時區作為安排工作的預設時區？

協作：安排行程：我們是否需要設定核心協作時間（特別注意，協作時間通常比所有人都在線上的工作時間短）？如果團隊成員分散在不同時區，應該使用哪一個時區作為安排工作的預設時區？該用什麼方式來把不同的地點／時區視覺化？

專案管理／分派工作與放聲工作：如何分派工作？你是否擔心不小心與他人重複工作？如果是，該如何防止這種情形發生？應該使用哪種工具來看其他人在做些什麼（更多相關資訊請見書末「相關資訊列表」的「科技與工具」）？

生產力／工作成果：我們應該設定哪些可測量的目標？如何／何時評估目標達成率？是否應該使用「目標與關鍵成果」來進行目標管理？舉例來說，肯亞非營利科技公司 Ushahidi 使用的「目標與關鍵成果」制度中，員工可以設定個人目標，藉此解決過勞的問題。

工時紀錄：該如何記錄工時？繳交個人工時紀錄？使用主管可以直接看到的數位記錄工具？

人際互動：應該用什麼方法彼此給予回饋？是否應該採用正式的回饋機制，如「30／60／90回饋架構」？應該如何解決人際關係的問題以及誤會？該如何定期表達對彼此的欣賞？

註：在「隨處都是辦公室」工作坊中，我們會帶著學員一步步完成團隊協議。更多相關資訊請見https:// collaborationsuperpowers. com/anywhereworkshop。

如同前述，「資訊、溝通與協作工作流程」（ICC Workflow）只是制定團隊協議的方法之一。不論你選擇哪一種方法，重點在於把每個人對共事的想

法提出來討論。每個人都表達了自己的看法，並且評估過各種方法的優缺點後，才能在每一個項目上達成團隊共識。好處是，達成共識的作法或協議，比起指派、規定的作法或協議，更能被遵守。有了團隊協議才能討論一致的目標。

理想上，團隊協議是可調整的。人工作的方式本來就會隨著時間改變，我們建議定期審核團隊協議書，尤其是在團隊成員有所變動時。

彈性工作小提醒

調整工作團隊的步驟
- 決定什麼時候該用什麼工具，以及使用的原因。
- 確保每個人都具備這些軟硬體工具。
- 制定互動禮節，對許多人來說，溝通禮節最重要的是溝通時機、內容的急迫性，以及回覆需要花費的心力。
- 同意溝通時要立意良善。

有效溝通的秘訣
- 把視訊變成習慣 —— 尤其是開會時。
- 一定要有多種溝通管道。
- 要能輕鬆從非同步溝通模式（電子郵件或簡訊）切換成同步溝通模式（電話或視訊）。
- 決定討論重要事項時的預設溝通模式 —— 並且貫徹始終。

跨時區共事的秘訣

- 團隊通話要使用預設時區的時間，使用共享行事曆。
- 有效管理團隊。
- 提升（並讓他人知道）你的時區意識，養成再次確認的習慣。
- 重視重疊的工作時間。
- 知道每個人的偏好。
- 講求公平。

跨文化／跨語言共事的秘訣：互相尊重、表達感謝

- 團隊成員之間一定存在著差異，必須予以尊重。
- 不要預設立場，反而應該要發問 —— 要有好奇心。
- 認真聆聽同事的發言。
- 要刻意拿出友善的態度，提出建議，不能一味批評。
- 盡量不要覺得他人在針對自己。
- 花點時間了解其他成員的文化。
- 試著至少學會他人母語的基本詞彙，尤其是招呼語。

跨文化／跨語言共事的秘訣：溝通

- 全團隊開誠布公討論並評估語言障礙，了解其他成員遇到障礙時的因應之道。
- 所有重要訊息都要多說表達次，並使用不同的溝通模式重複表達。舉例來說，口語表達過的內容可以用文字再傳達一次。
- 不要放過清楚表達的機會，尤其是在面對不願意提問的團隊成員時。
- 同樣，對某件事有疑惑一定要說出來，多向開誠布公的文化學習。
- 避免使用行話、術語、俚語。
- 視需要使用口筆譯服務。

跨文化／跨語言共事的秘訣：工具

- 盡可能用視覺元素來輔助溝通。
- 盡可能保持溝通管道順暢，使用品質優良的科技與工具並善
  加保養維修。

第 10 章

● ● ●

遠距工作總整理

> 　　許多公司已經漸漸開放彈性工作機會，但是分散團隊主管的
> 領導能力還是需要更多訓練。要幫助主管帶領分散團隊提升效
> 能，學習與發展仍是關鍵。
> 　　—— 全球彈性工作（Flexwork Global），〈2018世界職場趨勢
> 報告：工作地點再進化〉（The World of Work in 2018: How the
> Workplace Will Evolve），艾蜜莉・克萊恩（Emily Klein）[1]

　　在共同擬定團隊協議時（見上一章），團隊也必須承諾遵守協議中的細
節 —— 如此便可以強化團隊向心力。主管要確保所有團隊成員都具備（或能
取得）完成任內工作需要的知識、工具、訓練、步驟以及凝聚力，藉此維持向
心力。要達成上述目標，有三個關鍵。一、提升會議效率。二、提振團隊士
氣 —— 表達欣賞並慶祝成就。三、持續與每個團隊成員建立良好的關係。

提升會議效率

　　沒錯，要交換資訊並推動計畫就一定要開會，但是線上會議一向惱人。
有時候是技術問題，很難登入參加，有時候是與會者太多，很難建立順暢無礙
的溝通。好在，我的受訪者提供了一系列秘訣，可以幫助你解決開會遇到的各
種問題，讓所有與會者都能積極參與。我們在前面也已經討論過會議順利的基

本要件：快速穩定的網路、降低背景噪音，使用品質優良的器材 —— 最好使用視訊。

　　若需要更詳細的建議，本書提供兩組線上會議的小訣竅，一組針對會議主持者，另一組針對與會者。下面是主持者的線上會議訣竅，緊接著我們也會針對其中幾項深入探討（第4部「更多資源」中也附上了引導師線上會議訣竅，便於查找）。然後，就是關於與會者的線上會議訣竅。

所有人都需注意的事項：開會前

技術／每個人都要注意

- 盡可能使用視訊。
- 使用品質優良的器材，包括降噪耳機。
- 準備好科技／工具備案，以免出現技術問題（後面會針對這點詳細說明）。
- 指派專人負責處理技術問題。
- 要求與會者選擇安靜的地點開會。
- 若使用視訊會議，請與會者注意燈光，別讓自己的臉是黑的。
- 替無法出席的人錄製會議內容。

會議主持者須知：人際互動

- 選定一人擔任主持人，掌控會議時間。
- 準備議程，議程中標明時間分配。
- 確保每個人都能取得議程。
- 建立開會禮節（後面會針對這點詳細說明）。
- 歡迎與會者提早上線或晚點離線參與社交時間。
- 在會議最後預留「其他討論事項」的時間：在主要議程結束後，處理其他問題。
- 制定在會議中記錄其他討論事項的方法。
- 制定舉手發言的規則（視訊會議時可以舉著手，直到被點名發言，也

可以舉發言卡。語音會議中，可以使用群組聊天或是即時通訊工具表示自己想要加入對話，或直接插話）。

- 承上，可以考慮使用線上會議發言卡，避免打斷對話（後面會針對這點詳細說明）。
- 制定會議主席示意與會者發言的方式。
- 制定有人離題時把話題導回主題的方式（後面會針對這點詳細說明）。
- 盡可能使用協作工具來幫助與會者把討論視覺化（後面會針對這點詳細說明）。
- 開會時不要複誦文字資料（許多人建議把文字資料發在指定平台上 —— 如Asana、Jira、或Slack），會議時間只用來討論，藉此提高參與度。
- 簡報力求精簡。
- 每開會1小時，讓與會者休息5至10分鐘。

如果團隊有人在實體辦公室，有人遠距
- 敏捷教練馬克・基爾拜建議使用「工作夥伴」機制，一個遠距員工配有一位辦公室夥伴，協助找出錯誤[2]。
- 兩個人同時說話時，若一人是辦公室員工，另一人是遠距員工，讓遠距員工優先發言。

如果團隊成員母語不同，但選用一個標準的工作語言
- 設置「會議後台」，開會時可以使用後台即時傳訊 —— 分享額外資訊，並協助非母語與會者理解會議內容（更多詳細資訊請見相關資料「科技與工具」的「群組聊天」）。
- 盡可能使用視訊通話，讓與會者可以看到對方發言時嘴唇的動作，這樣有助於理解對方在說什麼。
- 盡可能以視覺溝通取代文字溝通。

如果團隊成員位在不同時區

- 在規劃工作行程的時候，選擇一個時區作為預設時區。舉例來說，如果你的團隊成員分散在布魯塞爾、倫敦和紐約，而多數成員都在倫敦，就使用倫敦的標準世界時間（UTC，以前叫做格林威治時間GMT）來規劃團隊互動時間。標準設立之後，就可以避免誤解與時程規劃的錯誤。
- 共享行事曆也是減少誤會和時程規劃錯誤的方法。
- 盡可能把協作項目安排在所有團隊成員都在工作的時間。
- 共體時艱，輪流在工時前或工時後開會。

所有人都需注意的事項：會議中

技術／所有人都當注意

- 會議開始前，請先測試各項技術問題、燈光以及連線（至少在會議開始前5分鐘進行測試）。
- 關閉提示音與通知。
- 不發言的時候麥克風靜音。

會議主持人須知：人際互動

- 提早上線，利用機會與其他提早上線的與會者交流。
- 用破冰的活動邀請大家參與話題（後面會針對破冰有更詳細的解釋）。
- 一開始就清楚說明會議規則，尤其是：如何表示／示意自己想要發言、把臨時動議留到會議最後一併處理、有人離題時如何請出面協助引導話題。（針對這點後面會有更深入討論）。
- 確保每個人都有發言的機會，努力讓每個人參與討論。

依每場會議不同情況，應考慮的事項

- 提出臨時動議時盡量簡短，並且把這些問題留到會議最後一併處理。
- 有與會者開始霸佔題時，請協助把對話導回主題。

- 向比較安靜的與會者尋求建議或提問。

散會之前
- 在會議的最後階段，開始處理先前提到的臨時動議
- 報告／重新強調散會後要開始處理的工作事項，清楚說明相關的人、事、時。
- 感謝與會者的參與，在愉快的氣氛中散會（後面會有更詳細的解釋）。

幾個要注意的小細節

接下來，我們來針對上面提到的一些項目，做詳細解釋。

預先建立開會禮節
視訊會議禮節中有兩點特別重要。首先，要與發言者進行眼神交流。畢竟使用視訊的原因之一，就是要讓大家看見自己能積極參與共同事務。對於習慣避免眼神接觸的人來說，使用視訊做眼神交流還是有點尷尬，因為看著螢幕上的人的眼睛並不等於實際眼神交流，所以有些人會建議看著視訊鏡頭 ——不過這種作法又失去了眼神交流的意義。《華爾街日報》的沙莉・法蘭契（Sally French）建議，把視訊聊天視窗移至靠近視訊鏡頭的位置，這樣就可以同時看到對方的臉與鏡頭[3]。

還有，會議中不要進行與會議無關的事。意思是：不要打開工作郵件，也不要玩接龍，不管你的麥克風有沒有靜音。專心聽團隊成員說話，因為你也會希望他們專心聽你說話。

用「破冰」開啟會議，提升參與度
- 可以使用簡短的「破冰」問題或小活動，在會議一開始就創造良好的氣氛。我們喜歡的破冰問題有：
- 你的名字，意義是什麼，背後有什麼故事嗎？
- 你最喜歡的食物／飲料／電影／音樂類型是？

235

- 拍張你鞋子的照片。
- 完成以下句子:「我跳舞的時候看起來像＿＿＿＿＿＿。」

　　來點溫暖的開場就可以大幅提升會議參與度。此外,用跳舞問題等有趣的方式來破冰,你會發現與會者會更準時出席,因為不想錯過有趣話題(更多相關資訊請見書末「相關資訊列表」的「科技與工具」中的線上破冰法)。

　　破冰還有另一個好處:有趣的活動可以提升團隊參與度,進一步加強團隊建造,而團隊建造就是團隊第二重要的目標(首要目標是工作成果)。

快樂梅利團隊成員亮出鞋子照片的螢幕截圖,刊登於2016年12月21日的《華爾街日報》,報導標題為〈有什麼比在辦公室慶祝聖誕假期更慘?在虛擬辦公室慶祝假期〉(What's Worse Thank an Office Holiday Party? A Virtual Holiday Party.) [4]

確保自己有備用工具,以免出現技術問題

　　最高檔的科技也會偶爾失靈,這無可避免。若有預防措施,就可以盡快回到正軌。簡單的做法是視訊通話失敗時,切換成語音通話。有些團隊的方法是Skype出問題就改用Google Meet。也有很多人使用即時通訊軟體來討論該怎麼繼續。

不要離題

　　有一個英文縮寫叫做ELMO,意思是Enough, Let's Move On. 夠了,我們

回到正題吧。在工作會議中祭出ELMO這個法寶，可以在討論離題或有人開始霸佔話題時有效維持會議進度。不同公司採取不同做法。有些公司中，若有人開會時對當下話題已經感到厭煩，就可以喊：ELMO！。這時會議主持人便會請與會者投票，看多數人是想要進入下一個討論項目或是繼續討論該主題。有些公司則會在會議桌正中央放一隻名叫ELMO的玩偶作為提醒。[5]

當然，ELMO玩偶在虛擬會議中沒有用武之地。不過「協作超能力」設計了一套視訊會議專用的ELMO卡片（更多相關資訊請見下表）。有了這套卡片，每個人都有機會表示自己想要繼續開會：只要舉起ELMO卡，讓其他與會者看見即可，不需打斷發言者。總而言之，不管你怎麼使用ELMO這個策略，重點在於團隊必須在開會前針對「ELMO禮節」達成協議。

幫助與會者以視覺方式呈現討論內容的工具

如第9章所述，有很多方式可以在線上會議中添加視覺元素。你可以把視訊鏡頭對準實體白板或海報 —— 注意照明要良好，也可以使用虛擬白板或心智地圖，或是讓與會者協作線上文件或試算表。

在愉快的氣氛中散會

從人際互動來開啟會議（先花點時間交流感情，接著以破冰活動開始會議）是很好的方法，同樣，我們也可以在愉快的氛圍中結束會議。可以考慮在正式散會來個歡呼、拍手，或模仿體育團隊在比賽前大聲吆喝。聽起來有點傻，然而實際上人腦對於隊呼這類的儀式會產生正面反應，哪怕只是線上隔空拳碰拳或是比讚。沒錯，如果我們勉強擠出微笑，大腦就會誤以為：「喔，我在笑耶，那我一定是很開心！」接著心情就會真的變好，哪怕只有一點點[6]。簡短的歡呼可以提振團隊士氣，推動大家繼續努力、把工作做好。

使用虛擬會議卡片

　　上面提到的ELMO卡片是兩套「超級協作卡」的一套。另外一套卡片中有24張不同的卡片，卡片上的訊息諸如：你靜音了、說慢一點、畫面定格了 —— 與會者可以運用這些卡片來傳遞訊息，而不打斷發言者（更多相關資訊請上 https://collaborationsuperpowers. com/supercards）。

超級協作卡中的「你靜音了」卡片。（設計者Alfred Boland）[7]

歐洲彈性工作法則

提振團隊士氣、增進同事感情

在愉快的氣氛中結束會議很好，同樣，在工作告一段落時表達讚賞也很棒 —— 針對優異的表現表示感謝，絕對可以馬上提振士氣。

表達感謝

> 如果所有同事都遠距，就會更需要感謝小卡、貼心訊息、生日祝賀等。
> ——「貿易指揮家」（Trade Conductor）執行長
> 蘇萊瑪・桂瑞妮（Soulaima Gourani）[7]

第4章我們提到「個人看版」發明者吉姆・班森。班森提倡一次專心處理至多3件事，這樣才能把事情做好 —— 而事情做好不只自己開心，老闆也開心。本書內容不斷探究如何幫助員工拿出令自己滿意的工作表現。不過除了讓自己感到滿意之外，另一個很重要的事，就是經常對團隊成員的貢獻表示感謝。

然而人總是很常忘記說謝謝，這不僅是錯過了表達感謝的機會，更有損士氣，帶來負面影響。

雖然表示感謝聽起來像幼兒園活動，不像職場行為，但我們必須用正確的態度來看待這件事。如同前述，員工若感覺自己的能力獲得認可，工作就會更加投入。此外，《富比世》2017年的一項調查指出，「若是出現不被認可的感覺，66%的員工會辭職[8]。」

所以，提醒自己說謝謝還不夠，一定要想出各種表示感謝的方法，確保每個人都感覺自己的貢獻獲得認可。第8章介紹了快樂梅利的感謝金制度，感謝金基本上是零死角的全方位感謝機制，每個人整年都要參與（應用程式Bonusly也使用類似的感謝機制）。市面上也有些其他促進優質互動的回饋程式。Bonusly、HeyTaco.chat以及YouEarnedIt都是很好的工具，可以用來彼此表達讚許。Tinggly和SnappyGifts.co用有趣的活動來獎勵員工 —— 例如參加品酒會。我個人特別喜歡Kudobox.co的稱讚小卡，可以在卡片上寫下你要

給對方的訊息，發佈在對方的推特主頁 —— 這樣也能讓其他人看到同事的優點。再說一次，不要小看這些表示感謝的方法，要把互相欣賞變成日常（更多相關資訊請見書末「相關資訊列表」「科技與工具」的「表達欣賞」）。

此外，最好針對每一個團隊成員的特殊貢獻親自表達感謝。但要注意：表達感謝不只是（在線上）拍拍對方的肩膀，說聲「幹得好，謝啦！」。你必須具體提出你從哪些地方看到對方的努力與價值 —— 讓他知道你稱讚的是實際工作成果。不能只講好聽話，要真心讚美、真心認同（更多相關資訊如下）。

以表揚努力取代表揚能力

史丹佛大學心理學教授卡蘿・杜維克（Carol S. Dweck）做了一份與心態有關的研究，研究對象很廣。研究結果發現，兩種不同的讚許方式會導致兩種截然不同的結果。瑋南・剛納森（Vernon Gunnarson）這樣描述杜維克的研究：「比起讚許天生的能力，讚許『努力』可以幫助我們產生成長型心態，而不是落入固定型心態。具備成長型心態的人相信，只要努力不懈就可以加強自己的技術和能力，抱持固定型心態的人則認為，自己的能力由先天的才智決定[9]。」

換句話說，杜維克教授認為，稱讚先天才智雖然是至高無比的讚美，卻不太能激勵人心。這是因為聰明或有天份的人不一定知道成功的秘訣 —— 也不知道下一次要怎麼做才能再次邁向成功。然而，付出努力而獲得讚許會倍感欣慰，因為這代表有人確實意識到你的貢獻。這種暖心的讚許可以大幅提升工作動力 —— 因為被稱讚的人知道該怎麼做才能獲得更多讚賞。

還有一點要強調：表達感謝之餘，可以更近一步表示對團隊成員的支持。有很多人跟我一樣覺得行之有年的上至下年度績效審核，已經過時了，而且還令人無感。現在有太多有效的創意方法可以評估工作表現並鼓勵員工進步。首先，Thanksbox.co提供一系列可以幫助員工工作更投入的數位工具，如「同儕認可」（Peer-to-Peer Recognition）、「獎賞與認可」（Rewards & Recognition），或可以蒐集回饋、設定挑戰、提升動力的「想法版」（IdeasBoard）。

總之，我們應當定期舉辦團隊感謝活動，考慮改變績效審核方式，並且每天真心表達你個人對同事的感謝。

慶祝成就

另外還有規模較大的感謝機制 —— 慶功。除了實際見面的慶祝，也有很多方法可以舉辦遠距慶功宴。如同前述，許多團隊使用視訊工具舉辦猜謎聚會或是團體遊戲時間。有些公司會寄零食包裹給員工，也有公司提供健身房會員或家事服務，當成福利。FlexJobs遠距團隊在Yammer上創立群組，其中有讀書會、做菜群組以及寵物照片分享群組。快樂梅利的完全分散團隊曾經在冗長的會議利用中場時間舉辦線上舞會（雖然有些人只是坐在椅子上點頭，其他人卻好似沒人在看一樣狂舞了起來，羽毛、帽子、墨鏡等裝備都上場了）。

而有些人在實體辦公室、有些人遠距的「部分分散團隊」要怎麼慶功，這就得花點心思。我訪談的專家都表示，一定要讓所有人感覺賓主盡歡。舉例來說，萊恩・范・魯斯麥倫表示：「在跟荷蘭的團隊慶功時，我們同時也會跟羅馬尼亞的團隊慶功。唯一的差別在於，我們之間的距離有1,700公里[10]。」與Remote.co的一次訪談中，溝通主管艾莉・凡內斯（Allie VanNest）提到一家只有半數員工在辦公室上班的科技公司Parse.ly：

對我們的遠距團隊來說，最大的挑戰是建立團隊向心力。一個大案子做完，或達成季度目標，都是全公司的成就，自然會想要慶功。一定要讓遠距員工也一起慶祝，尤其我們的產品團隊全是遠距員工，我們有什麼成

就，他們都功不可沒。我們的慶功通常會安排外出休閒，這樣不但可以慶祝，也可以談談公事。上週行銷團隊表現優異，我們決定上水療館慶祝，便寄了水療館的禮券給一名遠距行銷，還說要在她做指甲的時候打Google Hangout 給她，鬧她玩[11]。

最後一點：花時間慶功並表揚重要成就，也是仔細審視已完成工作的機會，可以退一步想想我們究竟達成了哪些目標。替慶功宴這個主題做個總結 ── 企業家弗洛伊恩‧胡爾納（Florian Hoornaar）分享了他的觀點，這種哲學在他的公司相當管用：慶功不只是為了在努力工作後舒壓，也是為了提振士氣，替下一個篇章做準備。

與每個團隊成員建立良好的關係

全球服務公司Appirio的人資負責人艾琳‧戴維森提出以下建議：「管理遠距工作團隊最大的困難在於讓每個人都感覺自己與團隊以及本公司的文化緊緊相連。我們努力舉辦實體團隊活動、線上活動，並經常舉行視訊會議。然而，要確保每個人都感覺關係緊密，仍有難度。平常不能在辦公室看到團隊成員，就不太清楚大家每天都在做些什麼，因此，找到保持聯絡的方法就很重要[12]。」

同樣，網頁設計／科技工作室「真形功」（Authentic Form & Function）的克里斯‧阿諾認為每週關心、感覺團隊成員的感受相當重要[13]。

當然，成員之間建立起緊密的關係，每個成員也都覺得自己的價值備受重視，有個快樂的團隊，這些都很重要。但是還有更深的面向執得探討。開源軟體公司 Canonical的人文執行長克萊兒‧歐康納（Claire O'Connell）指出：「沒有每天見到同事，有時要過了好一段時間才會發現哪裡出了問題。因此主管必須把參與感和溝通視為最重要的關鍵[14]。」這項建議反映出一個事實：小誤解累積之後，最後會造成團隊成員疏離，進而演變成大問題 ── 團隊成員的問題，以及整體團隊的問題。

然而該如何與每個成員建立良好的關係，每個公司都有不同的做法，每

歐洲彈性工作法則

個團隊也會有不同的做法。重點在於要先找到自己建立關係的方式，再來就要持之以恆。方法很多，可以試著花幾個月嘗試一種方法，看看可不可行 —— 接著評估往後該如何繼續。說到這裡，就必須進入下一個主題。

用可逆的小步驟做實驗

實驗要以小單位進行，這樣可以降低風險，若是失敗有才有機會可以馬上修正。

—— 阿米諾支付（Amino Payments）工程部資深副總傑瑞米・史坦頓[15]

遠距工作需要經常掌握實際進度，所以在實行遠距工作時，不妨參考敏捷專案工作法中的 Scrum 程序架構。敏捷工作法是一種專案管理與工作流程模式，源自於軟體開發界。敏捷工作模式是種「迭代」工作法，也就是把工作拆解成可以測量的小單位目標。Scrum 架構通常會規畫一至兩週可以完成的小目標（有時又稱作衝刺目標 sprints），並設定明確的、要交付的成果 —— 這個要交付的項目不一定是完整的工作成果。每次衝刺結束後，團隊會聚在一起討論工作現狀以及如何繼續往前[16]。

迭代工作法有許多優勢。最主要的有二：客戶會知道團隊一直有進度，可以馬上抓出問題，並且在問題發生時立刻解決，避免進度大幅落後或是延後結案時間。敏捷工作心態的美好之處在於，能定期評估工作進度與狀態，就可以視需要微調、改變工作模式，或是砍掉重練。

前面我們提到 Remote.co 對 135 間遠距友善公司做的問卷調查。問卷中有一題是：「你的團隊的工作方式有哪些改變[17]？」從一些人的答案中，可以看出他們使用迭代工作法 —— 而使用迭代工作法處理的工作大部分講求生產力。學生課程筆記交易平台 StudySoup 表示：「我們以前在做規劃時比較隨性，通常都是在團隊會議時解決。我們現已改用另一種規劃程序，公司的共同創辦人會跟我一起擬定當週的優先處理事項，接著與各部門聯繫，討論他們當天可以完成哪些進度[18]。」科技業首席營運長納撒尼爾・曼寧（Nathaniel Manning）說道：「公司剛成立的時候，大家只是埋頭苦幹。但是隨著年紀增

長，大家都累出病了。這樣很慘，會打擊團隊士氣，而公司當時也沒有相關機制可以在出事前伸出援手。後來我們開始嘗試『目標與關鍵成果』，讓員工替自己設定目標，接著再用這些目標來評估員工的生產力。」（這是肯亞奈洛比的非營利科技公司，他們設計的開源軟體可以「提供發聲管道，幫助使用者聽取別人的建議並做出妥善的回應，尤其是危機反應、人權問題舉報，以及政府透明度的相關問題[19]」。）

再舉一個敏捷工作模式案例。這個例子來自於問卷中的問題：「管理遠距員工時，最困難的是什麼？[20]」。網頁開發設計公司 Project Ricochet 的合夥人暨開發者凱西·科布（Casey Cobb）談到：

對我來說最困難的地方在於，我們使用的溝通工具可能會導致公司所有人一天到晚在處理急件，這樣員工就很難排定工作的輕重緩急，無法專心處理事情，也很難在工作時出現心流。Slack 非常方便，但是使用者必須一直在不同的頻道間切換對話 —— 這樣很容易疲勞。在公司裡，我們花了很多時間確保大家不會被不重要的事拖垮，每個團隊成員在一天的開始會先做好當日規劃，我們會在一對一談話時檢視成員是否有能力完成當日進度。如果無法完成當日進度，通常代表他們在完成任務，或是判斷事情的優先順序上面，需要加強能力。但也有可能是公司整體規劃有待加強，別再老是把事情拖到變成急件才丟給員工，因為急件實在很容易讓人心力交瘁[21]。

再強調一次，迭代工作法的優點在於可以做短期、低風險、獨立的小實驗 —— 並且直接這些實驗中學習。

關於組織與人力的擴編

不要道聽塗說……有些人說遠距模式到了一定的程度就不能再成長了。我們公司已經有150人，仍在持續成長。
—— 學習軟體開發公司 Articulate 首席營運長
弗瑞席爾·米勒（Frazier Miller）[22]

新創企業常需要重新評估自己的效率，正在擴張的公司也需要這樣。針對後者，許多專家提供了遠距模式擴編的相關建議。重點在於，要確保溝通工具與溝通方式可以跟上公司的成長，並視需要調整公司架構，例如在公司超過一定規模後增加管理層級（例如人數達50人）。也有人建議綜合上述兩點，重新調整架構，把人員分成小組，這樣便可以召開人數較少的小型會議，讓每個人都有發表意見的機會，也都可以從會議中得益。

適合80人團隊的工具與工作習慣，與適合300人團隊的工具與工作習慣有很大的不同。人數多，溝通就必須更頻繁、更清楚——還需要事前更縝密的規劃。討論公司結構時更需要注意這些細節。要順利擴編就必須升級溝通工具和工具使用習慣。

——GitHub產品設計科比・查博（Coby Chapple）[23]

隨著公司成長，我們也必須開始使用其他溝通工具。舉例來說，我們有個每週「業務總覽」看板，定期在板上更新各項專案進度，讓所有人都知道公司發生了哪些事。

——Trello行銷副總史黛拉・加博（Stella Garber）[24]

隨著公司的成長，每天的業務會用到的科技也更多了。每個步驟的參與人數越來越多，持續提升效率就變得相當重要。我們建立了更有系統的溝通機制，像是績效管理程序以及季度會議，藉此確保每個人都能得到自己需要的相關資訊。

——「工作解決方案」（Working Solutions）人才管理副總
克莉絲汀・坎爾[25]

隨著公司成長，我們制定了更多程序、做了更多規劃。方法錯誤，這些程序、規劃就會變成官僚體制。方法正確，這些系統就可以幫助公司順利運作，即便員工分散在各處。

——Tortuga執行長弗瑞德・佩羅塔[26]

這裡還有一些重點

這幾章涉及的層面很廣。也許你已經開始實行書中的建議，也許你還在消化。無論如何，讓我們用下面幾點簡短的訣竅與建議來做總結。

經常保持良好的溝通 —— 盡可能面對面溝通。
- 公開透明 —— 讓團隊看見你的優缺點。
- 「工作解決方案」（Working Solutions）人才管理副總克莉絲汀‧坎爾指出：「我們需要一點練習，才能學會如何有效進行遠距溝通。該分享多少資訊、分享資訊的頻率、哪些人需要知道，以及如何確保對方確實收到訊息等等，這些都要花時間才能把細節做到最好[27]。過程中要對自己有耐心。」

好好認識與你共事的人。
- 花時間關心你的團隊。
- 遠距團隊成員之間建立起較緊密的關係，也可以讓遠距模式優於在實體辦公室裡集中工作的模式。怎麼說呢？有些人認為只要每天在相同空間工作，自然可以建立關係，但是實際上根本沒有發展出真摯的情誼。不論距離遠近，要建立關係就要努力付出 —— 這樣才能強化人與人之間的連結。關鍵在於堅定持續。

做每件事的時候都要有自覺。
- 持續實驗，不斷進步。
- WordPress解決方案供應商Inpsyde GmbH的共同擁有人暨專案管理艾利克斯‧弗瑞森直接點出：「管理遠距員工失敗，問題絕對不出在系統，問題在你[28]。」數據管理軟體廠商DataStax的工程執行副總馬丁‧范‧瑞斯維克（Martin Van Ryswyk）起初以為管理遠距員工「比想像中困難。但事實上，管理會遇到的問題都是一樣的，與地點無關[29]。」技術支援軟體公司Help Scout內容行銷專員保羅‧瓊（Paukl

June，音譯）認為：

遠距公司的領導人身上背負的責任確實比較多。最困難的是找出這些責任，並且妥善規劃、統整。公司主管應該不斷努力保持公開透明，並且幫助大家建立關係。當然，方法對了，換來的回報就是生產力超高的工作團隊。[30]

彈性工作小提醒

● ● ●

如何提升會議效率

- 會議要達到最高品質，就需要快速穩定的網路、將背景噪音降至最低，以及優良的設備 —— 最好具備視訊設備。
- 務必在開會前預留一點時間，以免發生問題，並且要有工具故障的備案。
- 建立開會禮節，設定期望。
- 用破冰活動開啟會議，提升參與度。
- 盡可能使用協作工具幫助與會者以視覺方式呈現討論內容。
- 視需要動用ELMO策略，把話題導回會議主題。
- 替無法出席會議的人錄製會議內容。
- 簡報要盡量簡短。
- 在愉快的氛圍中結束會議。可以讓與會者在會議結束後（或開始前）花點時間進行社交互動。

如何提振士氣

‧打造一個可以彼此表達感謝的環境，把表示感謝變成團隊文化的一部分。

‧探索各種不同的感謝方式，定期針對每個人的貢獻表示感謝。以讚許努力取代讚許能力。

‧花時間慶功。如果你的團隊是部分分散團隊，或是在不同據點工作的集中團隊，一定要讓每個人都有參與慶功的機會。

‧持續強化與員工之間的關係。

‧與每一個成員保持暢通的溝通管道。經常確認每個人手邊都有自己需要的資源。

‧花時間認識團隊成員，讓每一個成員都清楚知道你真心重視他這個人以及他的能力。

組織與人力的擴編

‧確保溝通工具與溝通方法能跟上人數成長的步調。

‧視需要調整公司的組織架構。

第 4 部

更多資源

主管執行計畫書：如何成為一個有能力、富同理心、能屈能伸的領導者

● ● ●

請依照編號的順序，完成以下動作。

1. 閱讀第7章：「盡心、帶領 & 信任、成功」。

信念

2. 思考你是否相信自己的團隊可以成功。如果你已經有了成功的信念，可以直接閱讀以下關於信任的段落（從下方的第9點開始）。

3. 如果你還沒有成功的信念，寫下你覺得原因何在，以及你不相信能成功的原因，一個原因用一句話，描述盡量明確。舉例來說，相信的原因可能是「團隊要_____才能成功，我的團隊絕對具備這個條件。」若心有疑慮，也許可以寫下「我不確定他們是否有良好的溝通能力 —— 可能沒多久關係就會產生裂痕。」或是「我怎樣都覺得獨自工作生產力不可能會好。」

4. 針對不相信的每一項描述，寫下哪些條件可能可以讓你改變心意（姑且把這些項目稱為「可能性」）。舉例來說：「如果有辦法追蹤團隊成員的互動狀況，一段時間後也沒有出現大問題，那我可能會相信。」或是「如果看到大家都能在期限內完成工作，我可能可以相信遠距工作的生產力。」

5. 針對每一種可能性，想想可以用哪些方式把可能化做真實。舉例來說：「我可以（1）設立團隊溝通中心，包含讓團隊成員表達不滿的討論區；（2）如果遇到問題，鼓勵每個人表達想法。」或是「我可以（1）把大型任務拆解成小單位的任務，短期驗收；（2）使用團隊專案

平台，從平台上看哪些工作已經完成，哪些工作尚未完成。」

6. 動手開始把可能化做真實。

7. 持續完成這些項目。讀到其他方法時，一邊記下哪些細節也許適用於尚未處理的「可能項目」。

8. 假如過了一陣子，你對某些項目的想法有所改變，寫下新的句子來反映新的信念。把信念不變的項目清單放在顯眼處。

信任

9. 想想自己是否信任每個團隊成員都可以完成自己的份內工作。如果已經有這樣的信任，可以直接閱讀下一段：「確保團隊成員具備工作需要的基本工具」。

10. 如果你還不能（或不完全能）信任你的團隊，針對每一個成員寫下至少一句話，描述你為什麼信任或是不信任這個人可以完成任內的工作（可參考信念的描述方式）。

11. 針對每一個你不信任的項目，寫下要如何才能讓你產生信任感。

12. 想想你可以主動做些什麼來建立信任。

13. 動手開始把可能化做真實。

14. 假如過了一陣子，你對某些項目的想法改變了，寫下新的句子來反映目前的信任程度。把你持續信任的人事物清單放在顯眼處。

確保團隊成員具備工作需要的基本工具

- 電話。
- 電腦（桌上型或筆記型）。
- 頭戴式耳機麥克風。
- 外接螢幕或外接鍵盤（若需要）。
- 視訊設備。
- 適合視訊的設置／空間／螢幕。
- 數據機（DSL ／無線網路／乙太網路等）。

- 透過公司伺服器收發的電子郵件（Outlook或Mac Mail等）。
- 電話和電子郵件通訊錄。
- 手邊工作的相關資料。
- 虛擬專用網路VPN（若需要）。

當團隊屬於部份遠距的時候，在辦公室的員工需要（部分遠距）

- 適合視訊通話的安靜／隱密空間與視訊科技。
- 保留空間，供需要進辦公室的遠距員工使用（無固定辦公桌、輪流使用，又稱hot desk，熱桌）。
- 保留空間供團隊協作使用（如小型、大型會議室）。

確保團隊成員熟悉工作相關工具

依照下列編號順序，來確保成員熟悉工作相關的工具。
1. 視需要提供訓練。
2. 關心每個團隊成員，了解哪些人需要額外的協助。

如何熟悉適合遠距的工具與工作方法

依照下列編號順序，來確保團隊成員都熟悉適合遠距的工作方法。
1. 閱讀第8章的相關段落。領導過程中要做筆記，想想哪些工具與方法最適合你的團隊中成員、你們的目標以及情況。
2. 複習書末「相關資訊列表」中的「科技與工具」。標出適用的工具。

設計團隊協議

依照下列編號順序，完成團隊協議的設計。
1. 閱讀第9章「用團隊協議來調整工作團隊」的段落，邊讀邊做筆記。

2. 複習遠距團隊協議模版（見下一個章節）。

3. 根據你自己截至目前的研究來微調團隊協議書，尤其是適合的工具以及工作方式。在協議書中的每個選項後附上描述或網址，幫助團隊成員考慮。

4. 把協議書模版發給團隊成員，請每個人自行讀過。團隊成員必須認真思考自己希望嘗試哪些工具或工作方式，寫下個人偏好，並針對自己的選擇提供解釋。

5. 安排團隊協議討論會議。

討論團隊協議

　　最好讓每個人都能看到團隊協議模版，可以使用實體白板或是虛擬白板，甚至也可以列印文件。若是時間允許，目標是在會議結束時就達成共識。可以依照下列編號順序，與成員討論團隊協議。

1. 團隊協議討論會議中，帶著你的團隊逐項討論模版上的項目，讓成員表達自己的喜好。提醒所有人，開會的目標是找出先嘗試的項目，並非決定後就不能更改。

2. 會議進行時，視情況調整模版上的項目。

3. 調整完成後，投票決定定稿。

4. 把協議書定稿發給團隊成員，或確保每個人都有取得定稿的管道（如Google 文件）。

把團隊協議付諸實行

　　將團隊協議定稿上的各步驟，指定專人負責人，並制定時間表。可以依照下列編號順序來進行。

1. 確保所有團隊成員都具備選定的科技與工具，並花時間熟悉使用方式。
2. 提供訓練並視需要提供額外協助。
3. 找時間確認準備工作的進度。一切就緒後，團隊就可以開始執行團隊協議上明訂的項目。
4. 找時間確認團隊協議執行狀況。
5. 找時間再次評估團隊協議的效果（可以訂在開始執行後的3至6個月）。視需要微調協議書。
6. 定期審查團隊協議，有些團隊會在每6個月或是人員編制改變時（看哪一個先發生），重新審查團隊協議。

提升會議效率

1. 閱讀第10章：「遠距工作總整理」中的「提升會議效率」。
2. 預備好科技／工具備案，以免出現技術問題。其中包括指派專責人員，即時處理科技相關問題。
3. 想想哪些破冰活動適合你的團隊。盡可能列出你在現有時間內可以好好研究的所有活動，這樣接下來的幾個禮拜就有現成的活動可以使用。
4. 想想該如何記錄執行項目，方便日後整理。
5. 想想與會者該如何表示自己想要發言（視訊會議時可以舉著手，直到點到你發言。語音會議中，與會者可以使用即時通訊工具來表示自己想要加入對話）。
6. 想想你該如何示意與會者發言。
7. 想想你和與會者可以如何請「艾蒙」協助在離題時把話題導回來。
8. 想想你可以使用哪些工具幫助與會者以視覺方式呈現討論內容。

提振團隊士氣 —— 表達欣賞並慶祝成功

1. 閱讀第10章：「遠距工作總整理」中的「提振團隊士氣、增進同事感情」。

2. 想想可以使用哪些方式來確保每個人都能感覺到你重視他們的貢獻——好比使用Tinggly小活動或是寄發Kudobox.co的「稱讚小卡」。要記得，這些方式是整體同儕感謝機制（明訂於團隊協議中）之外的附加感謝方式。

持續與每個團隊成員建立良好的關係

1. 建立討論事項清單，分別與每個團員進行討論。討論時也要針對對方的個人貢獻或努力表示感謝。討論的問題可以包含：
   ◆你是否習慣我們選定的工具？
   ◆我是否能提供你足夠的支援？
   ◆你喜歡手上的工作嗎？
   ◆你需要什麼樣的協助來提升生產力？
   ◆有什麼困難我能幫你解決的嗎？
   ◆你覺得團隊重視你嗎？
2. 安排與每個團隊成員固定的討論時間。
3. 每次討論完，安排執行項目的作業時間。

遠距團隊協議：說明與模版

● ● ●

> 團隊協議適用於各種規模的團隊。但是要注意，線上的團隊協議討論會議要有效率，與會者不能超過12人。此外，若團隊成員已經習慣使用視訊會議、訊息聊天等工具，線上討論會議就會更加順利。

說明

團隊協議制定程序可分為幾個階段：
1. 根據你的團隊與情形來考量自身需要。
2. 研究哪些選擇最符合你的需求。
3. 向團隊成員提出團隊協議模版（可以是你調整過的版本，或是自己從頭擬一份），內容包括你在找資料時整理出的選項。
4. 把協議書發給團隊成員，請大家在開會前閱讀，並於討論時提出自己的偏好。
5. 聚在一起討論協議書並決定最終版本。

可以運用下面的提示來思考你的需求。其他相關提示列於協議書模版中（可上 https://collaborationsuper powers.com/extras 下載電子檔）。

- 是否需要與團隊分享你的行事曆或時程表？若有需要，可以想想哪種線上行事曆最符合你的需求。此外，許多專案管理程式也有內建行事

曆功能。

- 是否有需要記錄生產力？
- 是否已有安全協定？
- 是否需要安全網路連線？
- 取得需要的資訊時會遇到哪些困難？
- 團隊要完成工作，是否需要用到公司內部網路、線上檔案系統或資料庫？若有需要，想想團隊要連上系統時該用哪種連線方式、授權方式與安全協定。
- 是否有團隊成員在使用工具或科技時需要協助？若有需要，想想該提供哪些訓練，或這點是否會影響你在選擇工具時的決定。

模版

經驗老道的遠距團隊，可以把「我們是否」系列問題改寫成「你對現在的工具／工作方法／系統是否滿意？」

資訊

- 你需要分享哪些資訊？你需要團隊成員分享哪些資訊給你？
- 我們是否應該試用（於此列舉選項）這類的協作平台？是否有其他建議？
- 你是否喜歡用特定的工具，例如（於此列舉選項）等來分享你的聯絡方式？
- 你是否喜歡用特定的工具，例如（於此列舉選項）等來了解大家在做些什麼？
- 你是否有喜歡的站立會議／回顧會議軟體，例如（於此列舉選項）？
- 你是否有喜歡的時間記錄工具，例如（於此列舉選項）？是否有其他

建議？

溝通

1. 請於下表中勾選：

◆你工作時喜歡使用的媒體（以「X」註記或寫下特定的工作類型）。
◆針對每一種媒體，你期望的回應時間。
◆你喜歡用哪些媒體進行社交。

媒體	工作類型	回應時間	社交用途
電子郵件			
群組聊天			
即時通訊			
實際見面	不適用N/A		
電話			
文字簡訊			
視訊通話	不適用N/A		
虛擬辦公室	不適用N/A		

2. 針對群組聊天，你是否有偏好的工具 —— 例如（於此列舉選項）。
3. 針對視訊會議，你是否有偏好的工具 —— 例如（於此列舉選項）。
4. 針對虛擬辦公室，你是否有偏好的工具 —— 例如（於此列舉選項）。
5. 是否應該建立分享、討論想法專用的討論區 —— 例如（於此列舉選項），或是在例會中提出想法即可？
6. 我們希望可以設立表達感謝專用的討論區。也許可以考慮使用感謝金機制（Merit Money）、Bonusly或YouEarnedIt。你願意試試這些方式

嗎？或你有其他建議？

7. 我們希望可以針對專案建立回饋架構 —— 例如（於此列舉選項，也可以填入30 ／ 60 ／ 90回饋架構）。你願意試試這些機制嗎？或你有其他建議？

8. 我們希望可以建立解決衝突專用的討論區 —— 例如（於此列舉選項，也可以填入回饋總整理 Feedback Wrap 和虛擬枕頭戰）。你願意試試這些機制嗎？或你有其他建議？

協作

如果你的團隊成員跨域不同時區，應該使用哪個時區來安排活動？

我們是否應該設置「每個人都在」的核心協作工時？可以不只一個時間區段。

可以強化線上協作的工具有（於此列舉選項）。你願意試試這些工具嗎？或你有其他建議？

線上會議訣竅：會議主持人

● ● ●

開會前

技術／所有與會者都要注意的事
- 盡可能使用視訊。
- 使用品質優良的器材，包括降噪耳機。
- 預備好科技／工具備案，以免出現技術問題。
- 指派專人負責處理技術問題。
- 要求與會者選擇安靜的地點開會。
- 若使用視訊會議，請與會者調整燈光。
- 替無法出席的人錄製會議內容。

人際互動／會議主持人要注意的事
- 選定一名會議主席來主持會議，確保會議不超時。
- 準備議程，議程中標明時間分配原則。
- 確保每個人都能取得議程。
- 建立開會禮節。
- 歡迎與會者提早上線或晚點離線參與社交時間。
- 在會議最後預留時間討論臨時動議：主要議程結束後，處理臨時動議。
- 規劃在會議中記錄其他討論事項的方式。
- 決定與會者該如何表示自己想要發言。視訊會議時可以舉著手，直到點到你發言，或是舉起會議發言卡。語音會議中，與會者可以使用群組聊天或是即時通訊來表示自己想要加入對話，或直接插話。
- 延續前項，可以考慮使用虛擬會議發言卡，避免打斷對話。
- 決定會議引導師該如何示意與會者發言。

- 決定與會者該如何使用ELMO策略，在有人離題時協助把話題導回來。
- 盡可能使用協作工具，幫助與會者以視覺方式呈現討論內容。
- 要有效提升會議參與度，避免在開會時討論文字可以傳達的資訊（很多人建議在特定的平台上更新個人狀態，例如Asana、Jira或Slack）。開會時間就專心討論。
- 簡報要盡量簡短。
- 每開會1小時，讓與會者休息5至10分鐘。

視情況而需要考量的事項：部分分散團隊（有集中工作者也有遠距工作者）

- 使用「工作夥伴」機制。
- 如果兩個人同時發言，一人是辦公室員工，另一人是遠距員工，讓遠距與會者優先發言。

視情況而需要考量的事項：語言障礙

- 設置「會議後台」（例如群組聊天室或即時通訊），開會時可以使用後台即時傳訊，使用後台分享額外資訊，並協助非母語與會者理解會議內容。
- 盡可能使用視訊通話，讓與會者可以看到其他人說話的嘴唇動作，以利理解。
- 盡可能以視覺溝通取代文字溝通。

視情況而需要考量的事項：時區問題

- 在規劃任何行程的時候，選擇一個時區作為預設時區。舉例來說，如果你的團隊成員分散在布魯塞爾、倫敦和紐約，而多數成員都在倫敦，就使用倫敦的標準世界時間來規劃團隊互動時間。標準設立之後，就可以避免誤解與時程規劃的錯誤。
- 共享行事曆也是減少誤會和時程規劃錯誤的方法。

- 盡可能把協作項目安排在所團隊成員的重疊工時。
- 共體時艱，輪流在工時前或工時後開會。

會議即將開始時／會議中

技術／所有與會者都要注意的事
- 會議即將開始之前，提早測試技術、燈光以及連線（許多人建議至少在會議開始前5分鐘進行測試）。
- 關閉提示音與通知。
- 不發言的時候把麥克風靜音。

人際互動／會議主持人要注意的事
- 提早上線與他人聯絡感情，抓住機會與其他提早上線的與會者交流。
- 用破冰的方式讓大家參與話題。
- 開宗明義說明會議規則，尤其是：如何表示／示意自己想要發言，把額外的問題或討論留到會議最後一併處理，以及有人離題時如何「請出艾蒙」來協助引導話題。
- 確保每個人都有發言的機會，努力讓每個人參與討論。

視情況而需要考量的事項
- 提出臨時動議的事項應盡量簡短，並且把這些問題留到會議最後一併處理。
- 有與會者開始主導話題時，請出ELMO策略把會議導回原訂議程。
- 向比較安靜的與會者尋求建議或提問。

散會之前

- 開始處理臨時動議。
- 報告／重述散會後要開始處理的事項，清楚說明相關的人、事、時。

· 感謝與會者的參與，在愉快的氣氛中散會（後面會有更詳細的解釋）。

線上會議訣竅：與會者

● ● ●

開會前

整體上來說需要注意的事項

- 如果你要在會議中報告工握進度，為要有效提升與會者的參與度，可以參考下列兩個原則。一、把無需討論的事項放在其他媒體上，例如電子郵件或群組聊天室。二、報告時避免讀稿。最好用對話的方式讓其他與會者參與討論（也許可以用大綱呈現你的簡報，不要使用完整的句子，這樣更利於討論）。
- 假如需要在會議中呈現資料，盡可能使用影片。

技術考量

- 使用品質優良的器材，包括降噪耳機。
- 預備好科技／工具備案，以免出現技術問題。
- 若使用視訊，要確保光線充足。也可以考慮在背後放個屏風，降低視覺干擾。
- 在安靜的地方進行視訊通話，把背景噪音降至最低。
- 在會議即將開始前測試科技、燈光以及連線。
- 關閉提示音與通知。

語言障礙

- 若需要會議後台（群組聊天或即時通訊）來幫助理解外語，請告知會議主持人。
- 要求會議以視訊方式進行，方便看到唇語。

會議中

- 不發言的時候把麥克風靜音。
- 若有其他問題，可以先做筆記，最後於臨時動議的時間提問。
- 盡量參與討論，但不要霸佔話題。若有人提議把你的問題留到最後討論，予以尊重。
- 記錄並努力完成分派給你的工作。

結語

● ● ●

一起成就大事

不論你是團隊成員或團隊領導者，本書旨在幫助你了解成功與他人遠距共事的條件。然而，除了什麼時候該做什麼、為什麼該這麼做等明確指示，遠距工作還有更重要、更崇高的意義。成為成功的遠距工作者，就能成為更成功、更好的人。你必須了解自己：知道自己需要什麼，了解自己的特質、了解自己的能力。

遠距工作要順利，就需要更有規劃、更有自覺、更加周全。你需要花時間照顧自己，需要願意嘗試新事物，需要不斷進步，甚至要有熱衷的興趣。

遠距工作要順利，就需要主動關心、伸出援手、細心謹慎、顧到別人。我們需要更多的溝通、分享、提問以及尋求協助。要相信同事是出於好意。表達感謝。你會需要足夠的好奇心 —— 想要了解其他人的好奇心。尊重別人的做事方法，信任別人能說到做到。

多花點心思在彼此身上就會產生連結。團隊目標一致、夢想變成理想、理想化做真實的時候，就會有神奇的事情發生。專注於彼此信任，在共事方式上達成共識，並想辦法拉近彼此之間的距離，就可以一起成就大事。我們可以與自己敬重的人一同追尋心之所向。

成就大事就是好好照顧孩子、採用新的通勤模式，或是延緩自己的老化。成就大事就是在最有效率的環境中工作，追尋心之所向。成就大事就是創立自己引以為傲的公司、與自己敬重的人合作。

我認為隨處工作之所以令人興奮，是因為想要改變世界的人可以輕鬆找到彼此並主動出擊讓奇蹟發生。加入我們的行列吧！

相關資訊列表

字彙表

●　●　●

- **敏捷工作法 Agile methodologie**：一般而言，敏捷工作法就是使用「迭代」的方式來進行專案管理、處理工作流程。意思就是，把工作拆解成可以測量的小單位），這種工作法源自軟體開發界。
- **非同步 asynchronous**：描述非即時發生的溝通，非即時溝通如電子郵件或簡訊，即時溝通如電話或視訊會議。
- **非同步面試 asynchronous interview**：應試者錄下影片回答面試問題的面試方式。又稱單向面試 one-way interview 或預錄面試 pre-recorded interview。
- **嬰兒潮世代 Baby Boomer**：生於 1945 至 1964 年間的世代。
- **後台 back channel**：在進行視訊會議或其他活動時，同時使用另一種線上即時溝通管道，例如聊天平台，來幫助理解，如理解外語。
- **集中工作 colocated**：在同一個地點工作。
- **標準世界時間 Coordinated Universal Time, UTC—Universal Time Coordinated**：用來制定世界時間的標準時間。舊稱格林威治標準時間 GMT—Greenwich Mean Time。
- **共同工作空間 coworking space**：提供辦公桌或辦公室出租服務的空間。
- **數位遊民 digital nomads**：使用網路和行動科技如手機、筆記型電腦、雲端應用程式等，來維持遊牧生活風格的人。舉例來說，資訊科技企業顧問皮耶羅・托分寧與妻子同住在露營車內 —— 露營車停到哪，工作就做到哪。此外，教練／講者／顧問安迪・威利斯每年有三個月的時間會離開澳洲新南威爾斯的海邊小鎮，到法屬安地斯山脈一邊工作一邊爬山。
- **艾蒙 Elmo**：Enough--Let's Move On，「好了，繼續開會吧」的縮寫，

在會議離題時用來把話題導回議程。

- **自由業者 freelancers**：從事附加、暫時性、計畫性或合約性質工作的個人。
- **完全分散 fully distributed**：工作團隊中，所有成員皆遠距辦公工作模式（與部分分散比較）。
- **X 世代 Generation X**：出生於 1965 至 1984 年間的世代。
- **Y 世代 Generation Y**：見千禧世代 millennial。
- **Z 世代 Generation Z**：出生於 2004 年之後的世代。
- **時數導向工作模式 hours-oriented work**：主要取決於工作時數的工作模式，尤其指固定的工作時間 —— 相對於注重成果的工作模式（與成果導向工作模式比較）。
- **混合工作空間模式 hybrid workspace model**：不限於單一工作空間的工作模式，採取這種工作模式通常是為了配合特定的工作項目或是工作人員。
- **ICT**：資訊及通訊科技 Information and Communications，另見 T/ICTM
- **即時通訊 instant messaging, IM**：兩人間的文字訊息傳遞，通常使用電腦收發訊息，對話於一方停止傳訊時結束。它與簡訊不同，簡訊通常由手機發送。
- **公司內部網路 intranet**：擁有權限才能使用的私人網路。
- **迭代 iterative**：敏捷專案管理法，意指將工作拆成可以測量的小單位。
- **看板 kanban**：將工作流程視覺化的方法，藉此平衡要求與能力。這是源自於日本的精實生產文化，後為軟體開發者採用。
- **千禧世代 millennial，又稱 Y 世代**：生於 1985 與 2004 年之間的世代。
- **多媒體簡訊 MMS, Multimedia Messaging Service**：透過手機電信服務發送之文字訊息，通常不超過 160 字元。多媒體簡訊有別於一般簡訊，多媒體簡訊可以附帶圖片、影片或聲音。
- **非通訊工作者 non-teleworker**：工作內容完全不需通訊的工作者，可參見 2016 年的 PGi 全球通訊工作者調查[1]。

- 目標與關鍵成果Objectives and Key Results, KOR：列出公司／團隊目標與可測量之關鍵成果的文件，提供「批判性思考架構以及持續性規範，藉此確保員工能同心協力，專注拿出可測量的成果[2]。」
- 不強制進辦公室office optional：代表雇主同時歡迎遠距員工與辦公室員工。
- 單向面試one-way interview：應試者錄下影片回答面試問題的面試方式（又稱作非同步面試asynchronous interview或預錄面試pre-recorded interview）。
- 線上工作網站online work site；online working website：替遠距工作者媒合工作的網站。
- 其他討論事項parking lot：開會時若出現與議程無關的問題，留到會議最後一併討論。也有人稱這種方式為「問題桶」(Issue)、「咖啡壺」(Coffee Pot)、「茶水間」(Water Cooler)、「暫緩區」(Limbo)、「栗子」(Chestnuts)、「爆米花」(Popcorn)或「冰箱」(Refrigerator)[3]。
- 部分分散partly distributed：工作團隊中，某些成員在辦公室工作，某些成員遠距工作（與完全分散比較）。
- 行動科技portable technology：不受特定地點限制的科技，可以幫助提升生產力。
- 預錄面試pre-recorded interview：應試者錄下影片回答面試問題的面試方式，又稱作非同步面試asynchronous interview或預錄面試pre-recorded interview。
- 遠距優先remote-first：嚴格來說，遠距優先是一種工作流程管理法，可以幫助遠距工作者拿出在和辦公室工作一樣的表現。實務上，遠距優先可以作為預設的應變計畫，若一名或多名員工偶爾因氣候惡劣、交通壅塞、生病，甚至是全市突發裝況而需要在家工作，遠距優先模式可以使生產力不受影響。
- 遠距友善remote-friendly：願意雇用遠距工作者的公司。
- 完全遠距remote-only：僅接受遠距工作模式的組織配置與理念，見

第3部末尾「更多資源」中的「完全遠距宣言」。

- **遠距工作團隊remote teams**：共同執行一項專案的一群人。
- **成果導向工作模式results-oriented work**：主要取決於展現成果的工作模式，而非在特定地點、有固定工時的工作時數導向的工作模式。
- **回顧會議retrospective**，又稱衝刺檢視會議sprint review：由會議主持人主持的定期會議，用來提出問題、討論解決方案。通常一至兩週舉辦一次。針對不同的設置與脈絡，有不同的舉行方法。更多相關資訊請見「科技與工具」中的「回顧會議」以及回顧會議Retrospective Plans的維基專頁。
- **Scrum**：敏捷工作法中的一種。有些人認為「敏捷工作法」是「瀑布工作法」的相反模式，敏捷工作法是一種「迭代」工作法，意思就是把工作內容拆解成可測量的小單位。Scrum 模式通常會把這些小單位（里程碑，有時又稱作「衝刺目標」）規劃成一至兩週的目標，並設定明確的交付項目 —— 即便交付項目並非完整的工作成果。每次衝刺結束後，團隊會聚在一起（通常就是回顧會議）討論工作現況以及如何往前。
- **沈默的世代Silent Generation**：出生於1925與1994年間的世代。
- **簡訊服務Short Message Service, SMS以及多媒體短訊Multimedia Messaging Service, MMS**：透過手機電信服務發送之文字訊息，通常不超過160字元。
- **一人公司solopreneur**：沒有員工，只有老闆一人的小公司。
- **衝刺檢視會議sprint review**：見「回顧會議」與「Scrum」。
- **站立會議stand-up**：簡短的進度報告會議，通常每天舉辦，於會議中交代（1）每個人前一天做了什麼（2）每個人今天要做些什麼（3）工作是否遇到困難。（站立會議源自於辦公室文化；報告進度必須簡短，所以無須坐下）。
- **超級通勤族super-commuter**：通勤時間達90分鐘或以上的通勤族。
- **通訊工作／資訊通訊科技行動工作Telework/ICT-mobile work, T/ICTM**：使用資訊通訊科技（如智慧型手機、平板電腦、筆記型電腦或

桌上型電腦）於雇主所在工作地點外的地方執行工作[4]。

- **團隊協議team agreement**：團隊成員共同制定的文件，文件中列出遠距團隊共事方式之細節，尤其是工具、程序、方法、禮節上的細節。

- **標準世界時間UTC—Universal Time Coordinated**：用來制定世界時間的標準時間。舊稱格林威治標準時間GMT—Greenwich Mean Time。

- **視訊會議video conferencing**：使用網路即時讓多個地點的人參與視訊討論，通常不具共享檔案、共享螢幕等功能（與網路會議比較）。

- **虛擬辦公室virtual office**：提供數位辦公室服務的軟體，包含平面圖以及每個同事的虛擬代理人。你可以自由穿梭不同房間，但是只能與同房內的人交談 —— 就像在實體辦公室一樣。

- **虛擬專用網路virtual private network, VPN**：在網際網路中，提供安全連線至其他網絡。

- **語音會議voice conferencing**：兩個或更多地點的即時語音溝通。可參考視訊會議和網路會議，做個比較。

- **網路會議web conferencing**：使用網路即時讓多個地點的人參與語音或視訊討論，通常用來舉行會議、舉辦訓練或簡報；通常具備共享桌面、共享應用程式或共享檔案之功能。可參看視訊會議，作為比較。

- **網路廣播webcas**：透過網際網路來廣播資訊，有現場廣播也有預錄廣播，通常是單向傳播。可以與網路研討會比較。

- **網路研討會webinar**：透過網際網路來廣播資訊，通常具備互動功能，常見於小組指導或是教育用途。可參看網路廣播，作為比較。

- **維基wiki**：協作網站，通常是所有使用者都可以編輯的訊息資料庫。維基一詞的英文wiki源自於夏威夷文的「快速」。引述自維基創始人沃德・坎寧安（Ward Cunningham）的話：「一開始可能會覺得維基的概念有點怪，但是真正開始使用，點進其中的連結，馬上就會懂了。維基是編作系統、是討論媒介、是資料庫、是郵件系統，也是協作工具。我們其實不太確定維基究竟是什麼，但是我們知道用維基來進行跨網域非同步溝通非常有意思[5]。」

- **放聲工作法work out loud；working out loud**：可以持續展現一個人在團隊中的貢獻的工作方式，通常使用遠距工具來廣播自己在做些什麼，並分享聯繫方式。
- **線上共事working together online**：使用遠距工具在線上模擬辦公室共事，另見「虛擬辦公室」。

科技與工具

● ● ●

　　大家還在用 10 年前遠距工作剛起步時的心態來討論遠距。以前試過遠距的人覺得遠距太麻煩，所以不願意再試一次，但是現在的技術已經足以支援遠距工作。資料都在雲端，裝置的電池壽命也很長。遠距工作絕對可行，熟練成功之後就會很棒！
　　　　——瑞典創意公司 interesting.org 創意專家迪歐．艾恩[1]

　　各種工具不斷推陳出新，在本章中我們的列表雖然不可能詳盡，但盡量羅列我在訪談中以及虛擬社群中提到的工具、裝置以及資源。列出的各樣工具，其下關於它的描述文字，大多取自這樣工具的官方網站，同時也盡量附上網址供讀者進一步參考。另外，「協作超能力」網站上的參考資料（companion）每週都會更新（https://collaborationsuperpowers.com/tools）。

常見工具組

　　資訊豐富的 Remote.co 調查了許多遠距公司，了解這些公司完成重要任務使用的工具組[2]。下面是許多公司每天都會使用的工具列表。
- 即時通訊（Slack、Skype、Google Chat）。
- 專案管理（Trello、Pivotal、Tracker、Basecamp）。
- 團隊協作（Slack、Yammer）。
- 電話通訊（Skype、手機、市話）。

協作工具

腦力激盪與規劃

- A Web Whiteboard：觸控式線上白版讓繪圖、協作和分享都變得更加容易。https://awwapp.com
- Cardboard：新增各種卡片，把這些卡片排成故事地圖。新增卡片後就可以開始思考你想帶顧客去哪些地方。使用故事地圖替顧客建構客製化旅程，這樣也可以幫助你把使用者體驗、工作流程以及測試通道視覺化。https://cardboardit.com
- Coggle：用快速簡單的方式創造漂亮的筆記，並與朋友、同事分享筆記，一起處理你的想法。https://coggle.it
- Dropbox Paper 讓團隊可以在同一個空間共同創作的新型文件。https://www.dropbox.com/paper
- eBeam SmartMarker：即時分享筆記，讓會議更有效率、更多互動。把 eBeam 麥克筆放在身上，不管去哪裡、寫什麼，使用什麼裝置，團隊協作都會更加輕鬆。http://www .e-beam.com/smartmarker.html
- GroupMap：會議與工作坊專用的腦力激盪模版，可以客製化，輔助你與他人一起腦力激盪。https://www.groupmap.com
- IdeaBoardz：數位便利貼看板，可以幫助你跨海進行腦力激盪、召開回顧會議、執行協作項目。http://www.ideaboardz.com
- iObeya：用電腦、平板或觸控裝置，以視覺方式隨時進行協作。
- http://www.iobeya.com
- Lino：Lino 讓協作變得色彩繽紛 —— 使用網頁瀏覽器就可以享受免費貼紙和畫布服務。http://en.linoit.com
- MeetingSphere：專業人士使用的工作坊工具。MeetingSphere Pro 適用於各領域專家以及專業會議引導師。MeetingSphere One 則是針對需要在會議通話中取得團隊建議的人所設計，領域專家或專業引導者之外的一般與會者都適用。https://www.meetingsphere.com

- Mural：不管身在何方，都可以用視覺方式來思考、協作。https://mural.co
- NoteApp：團隊的即時便利貼。https://noteapp.com
- Popplet：iPad和網頁都可以使用的想法記錄管理工具。http://www.popplet.com
- Post-it Plus APP：筆記、整理、共享。https://www.post-it.com/3M/en_US/post-it/ideas/plus-app
- RealtimeBoard：把公司所有筆記、媒體、數據以及其他資料做單一平台統整 —— 各式資料、格式都能處理。https://realtimeboard.com
- Scribble：所有通話都可以使用Scribble的即時共享白板。https://scribbletogether.com
- Stormboard：線上便利貼白板，可以提升會議、腦力激盪以及創意專案的生產力與效率。https:// stormboard.com

觸控協作

- eteoBoardeteoBoard：附攝影鏡頭、麥克風，內建虛擬專案白板的大型顯示器，設計上盡可能模擬實際見面的互動https://www.sogehtsoftware.de/ zusammenarbeit-alt/eteoboard。可參考我與資深顧問 Scrum大師文森‧提茲的訪談內容https://collaborationsuperpowers.com/82-connect-distributed-agile-teams-with-eteo-at-saxonia-systems。
- Rentouch：用55吋觸控螢幕來提升敏捷專案的效率。http:// www.rentouch.ch

決策工具

- Conceptboard：創意團隊與遠距團隊的線上視覺協作平台 —— 幫助你實現你的初步構想。https:// conceptboard.com

- Conteneo：針對各種類型的協作找出問題癥結，並設計遊戲幫助團隊一起解決問題 https://conteneo.co。可參考我與創辦人／執行長盧克‧霍曼的訪談 https://www.collaborationsuperpowers.com/creating-epic-wins-through-collaborative-games-luke-hohmann
- Delegation Poker：幫助管理階層決定代理人，讓主管和員工都能握有實權。https://management 30.com/practice/delegation-board
- Ideaflip：它可以幫助團隊輕鬆把想法轉變成創意，再把創意與他人分享、做細部調整。簡單大方的網頁介面，最適合團隊腦力激盪和個人創意發想。https://ideaflip.com
- Loomio：遠離社交軟體，用 Loomio 進行討論並作決定。https://www.loomio.org
- Picker Wheel：最方便的線上隨機決策工具，只要轉動輪盤，就可以從各種不同的選項中挑出一個。https://pickerwheel.com/
- Wheel Decide：假如你有選擇障礙，只要輕觸輪盤再放開，就可以讓輪盤替你決定。https://wheeldecide.com/
- Synthetron：募集眾人的意見，替你解答重要問題。http://www.synthetron.com
- WE THINQ：創意管理軟體，幫助公司打造回饋與創新的開放文化
- https://conteneo.co。可參考我與總監克莉斯欽‧克茲的訪談 https://www.collaborationsuper powers.com/76-create-horizontal-organizations-with-wethinq。
- Yabbu：幫助團隊在沒有實體會議的情況下做出決定、隨時檢視工作過程、進行主題討論。https://www.yabbu.com

文件編輯與維基

- Confluence：改變現代團隊工作模式的內容協作軟體。https://www.atlassian.com/software/confluence
- Draft：Draft 共享文件中，協作者做的變更會儲存為協作者版本；你

可以選擇接受或是忽略他人的變更。http://docs.withdraft.com

- Etherpad：有強大客製功能的線上開源編輯軟體，具備即時協作的功能。http://etherpad.org
- Google Docs：您可以使用電腦、手機或平板電腦建立新文件，並與他人同時進行編輯。無論上線或離線，都能完成工作。『文件』還能讓您編輯 Word 檔案，完全由 Google 免費提供。https://www.google.com/docs/about
- Guru：使用表情符號來擷取 Slack 上的回答。Guru 會跳出提示，讓你把擷取下來的內容建立成卡片、儲存下來，讓團隊所有成員重複使用。https://www.getguru.com/solutions/slack
- Quip：把團隊工作內容和對話紀錄集中儲存在同一個地方，可以從各種不同的裝置上存取。https://quip.com
- SMASHDOCs：在你自己的網路瀏覽器上與他人一起創建、審核、生產專業文件。https://www.smashdocs.net
- Tettra：公司內部維基，幫助 Slack 團隊管理並共享組織內部的知識。https://tettra.co

心智地圖

- Edraw Max：全方位的流程圖繪製軟體，讓繪圖變得簡單，可以繪製公司簡報圖、建樹計畫圖、思維導圖、科學設計圖、時尚設計圖、統一模型化語言
- 圖、管路流程圖、指引地圖、資料庫圖表等。https://www.edrawsoft.com/download-edrawmax.php
- Mindmup：簡單好上手的心智圖工具，可以免費把檔案存在 Google 硬碟。https://www.mindmup.com/
- MindMeister：以視覺方式來紀錄、開發、分享創意的線上心智圖工具。https://www.mindmeister.com
- MindNode：把你的創意視覺化。從核心想法開始進行腦力激盪，再

把這些想法整理成心智圖，分享給其他人。https://mindnode.com
- Scapple：你是否曾把各種想法寫在一張紙上，接著在每一個想法之間畫上連結線？是的話，你已經會用Scapple了。Scapple的虛擬白紙可以讓你在紙上各處寫下筆記，用線條或箭頭連結想法。https://www.literatureandlatte.com/scapple/overview
- XMind：心智圖／腦力激盪軟體。http://www.xmind.net

溝通工具

　　根據Remoters.net的2017年遠距工作7大趨勢，Skype和Slack是最普遍的遠距溝通工具。[3]

群組聊天

- Front：團隊的共享信箱。所有電子郵件、應用程式以及團隊成員都在同一個協作空間裡。https://frontapp.com
- Glip：讓人愛不釋手的團隊訊息、檔案共享以及視訊服務。https://glip.com
- Hangouts Chat：替團隊打造的訊息平台。https://workspace.google.com/products/chat/
- Slack：可以在公開或私人頻道與團隊對話的工具。https://slack.com
- Stride：2018年8月，艾特萊森軟體公司（Atlassian）宣布與Slack合夥，將於次年終止HipChatCloud和Stride的服務[4]。
- Twist：保持對話不離題，並集中在同一處，藉此減少訊息通知，讓團隊合作變得更有意義。https://twistapp.com）
- WhatsApp：簡易、安全、可靠的訊息程式。https://www.whatsapp.com

遠端臨場工具

- Beam：使用 Beam 進行通話就像使用 Skype 一樣，操作鍵盤上的箭頭鍵就可以遠端控制裝置 https://suitabletech.com。可參考我與行銷總監亞林‧羅帕契的訪談 https:// collaborationsuperpowers.com/47-be-in-two-places-at-once-with-beam -smart-presence。
- Kubi：連線至 Kubi，使用遠端科技上下左右移動機械手臂。Kubi 很適合只有一名遠距與會者的會議。你可以與其他與會者一起坐在桌邊，轉動視角看誰在說話或是觀看白板（https://www.revolverobotics.com）。可參考我與 Revolve Robotics 團隊成員的訪談 https://collaborationsuperpowers .com/18-teleport-with-the-kubi-teleconference-robot-revolve-robotics
- Ohmni：物美價廉的機器人，一鍵就可以從世界各地加入會議。https://ohmnilabs.com
- Personify：全身遠端傳送，擴增實境／虛擬實境的體驗。https://www.personify.com。可參考我與 Personify 團隊成員的訪談 https://www.collaborationsuperpowers.com/31-embody-your-team-online-with-personify

視訊會議工具

- Amazon Chime：輕鬆無壓力的優質線上影音會議。https://aws.amazon.com/chime
- BlueJeans：影音／網路會議服務，相容於你每天使用的協作工具。https://www.bluejeans.com
- Catch：可以發送 24 小時後就會失效的限時動態。https://betalist.com/startups/catch
- Collabify：線上會議輕鬆無負擔。無須註冊、無須登入、無須擔心、一鍵上手。https://collabify.app

- Discord：玩家專用的多功能語音／文字聊天軟體。免費、安全，可在桌上型電腦與手機上使用。https://discordapp.com
- GoToMeeting：線上會議軟體，提供HD視訊會議服務。https://www.gotomeeting.com
- Google Meet：谷歌的即時會議服務。使用你的瀏覽器與團隊成員和客戶分享影片、桌面、簡報。https://meet.google.com
- Jitsi Meet：無需下載，可以直接在瀏覽器上使用，把會議網址發給其他人就可以開始了。https://meet.jit.si
- Join.me：免費共享螢幕、線上會議與網路會議服務。https://www.join.me
- Loom：谷歌Chrome的外掛程式，可以錄製、分享螢幕與視訊畫面。https://www.useloom.com
- Meeting Owl：360度多功能智慧視訊會議裝置。https://www.owllabs.com/meeting-owl
- Odro：一鍵線上視訊會議。http://www.odro.co.uk
- Screencastify：Chrome的螢幕錄製外掛程式。輕鬆「紀錄、編輯並分享完整的桌面、瀏覽器標籤或視訊畫面。無需下載軟體。https://www.screencastify.com
- Shindig：大規模視訊聊天程式，可以在至多1, 000名線上聽眾面前演講，也可以回答聽眾問題、與聽眾聊天，或用YouTube與Facebook進行直播。https://www.shindig.com
- Supercards：精美的「超級協作卡」，幫助你在線上會議時進行視覺溝通。https://www.collaborationsuperpowers .com/supercards
- Whereby：Whereby 把視訊會議變得簡單，讓你可以在自己喜歡的地點自在工作、舒服生活。https://whereby.com
- Zeen：視訊會議程式，也提供會議秘訣與工具，幫助團隊提升效率。https://zeen.com
- Zoom：企業界使用的視訊／網路會議工具。https://zoom.us

虛擬實境工具

- 3d Immersive Collaboration：在虛擬空間進行實體訓練、教育、協作以及其他活動。https://www.3dicc.com
- Rumii：遠距團隊的虛擬實境軟體。http://www.dogheadsimulations.com。可參考我與 Doghead Simulations 的訪談 https://collaborationsuperpowers.com/151-virtual-reality-for-remote-teams-with-doghead-simulations
- Second Life：虛擬世界的先驅，已有數百萬名使用者，也見證了使用者在這個經濟體中高達數十億的交易。http://secondlife.com

語音會議工具

- Discord：玩家專用的多功能語音／文字聊天軟體。免費、安全，可在桌上型電腦與手機上使用。https://discordapp.com
- Vail：語音＋電子郵件，http://danariely.com/resources/vail-voice-email
- Voxer：對講機應用程式。強大的一鍵通話模式，提供安全、即時的溝通管道。https://voxer.com

會議工具

線上會議管理與配件

- ChromaCam：視窗系統桌上型電腦應用程式，相容於標準視訊鏡頭和所有頂尖視訊聊天程式。https://www.chromacam.me。可參考我與 Personify 團隊成員的訪談 https://www.collaborationsuperpowers.com/31-embody-your-team-online-with-personify。
- Cogsworth：替客戶預約你有空的時間。https://get.cogsworth.com

- Descript：從會議記錄到多軌編輯，Descript 是靈活好上手的最強影音家園。https:// www.descript.com/use-cases
- Inspirometer：帶領企業會議文化脫離黑暗年代。https://inspirometer.com/
- Kiryl's Facilitation Toolkit：形式多樣的線上會議模版，附帶指導手冊與實例。https://baranoshnik.com
- Lean Coffee Table：Lean Coffee Table 幫助分散團隊提進行「無議程精實咖啡會議」。簡單美好的「精實咖啡會議是來自吉姆・班森和傑瑞米・來史密斯（Jeremy Lightsmith）兩人的構想。http://leancoffeetable.com
- Lucid Meetings：用聰明軟體提升會議品質。幫助你安排時間、寄發行事曆通知、達成議程共識、記錄待辦事項、搜集使用者回饋，使用或創建屬於你自己的會議模版。https://www.lucidmeetings.com
- Mentimeter：互動式簡報／工作坊／會議免費工具 —— 無需安裝或下載。https://mentimeter.com
- Parabol：線上回顧會議與其他類型會議專用的免費工具。檢討／改善；執行／檢查；分享進度。https://www.parabol.co
- Roti.express：ROTI = Return on Time Invested（時間投資報酬）。從會議或工作坊中得到立即的回饋。https://roti.express
- Slido：團隊會議、公司會議、大型會議使用的直播問答、投票與投影片工具。https://www.sli.do
- Vidrio：螢幕投射好容易。https://vidr.io/

站立會議／進度更新

- iDoneThis：用簡單的日報和強大的進度報告來提升團隊的工作效率與生產力。https://home.idonethis.com。
- Stand-Bot：使用 Slack 進行非即時簡報會議，讓團隊隨時掌握最新狀況。https://softwaredevtools.com/stand-bot

- Standup Bot：Standup Bot 把蒐集來的團隊資訊整理過後，集中發佈在一個明顯的位置。把團隊腳步調整至一致，藉此提升團隊信賴感，幫助團隊追蹤目標並移除障礙。https://standupbot.com
- Standuply：透過文字／影音進行非即時站立會議，並且追蹤團隊表現。https://standuply.com
- Weekdone：設定結構清楚的目標，組織所有活動都要以這些目標為中心。追蹤每週進度，提出回饋，把每個人的腳步調整至一致。https://weekdone.com
- Olaph：在 Slack 上引導站立日會的 Slack 機器人 https://olaph.io/

視訊廣播工具

- Be Live：用最厲害的直播軟體來與臉書直播上的觀眾互動 https://belive.tv
- Crowdcast：使用視訊直播問答、訪問、高峰會、網路研討會等方式來增加觀眾。https://www.crowdcast.io

虛擬破冰工具

- Dr. Clue：虛擬／實體團隊尋寶活動（https://drclue.com）。可參考我與 Dr. Clue 的訪談 https://www.collaboration superpowers.com/solve-the-puzzles-of-teamwork-with-dr-clue
- Kahoot：創造、參與、分享學習遊戲。https://kahoot.com
- Meeting Spicer：用一分鐘的卡片遊戲替會議增添趣味。https://www.meetingspicer.com
- Personal Maps：運用簡單的心智圖技巧，幫助你了解你的遠距／集中工作團隊。https://management30.com /practice/personal-maps
- Prototyping.Work：針對你丟上來的問題來劑靈感。https://prototyping.work/check-inspiration/

- WorkStyle：了解最適合你的團隊的工作方式。建立個人檔案，放上你的人格特質、做事風格與價值觀，讓他人與你共事更有效率。https://www.workstyle.io

基本工具／後勤管理工具

密碼管理工具

- 1Password：替你記住所有密碼。儲存密碼，一鍵登入所有網站。https://1password.com
- Dashlane：永遠不再忘記密碼。用聰明自動的方式來管理重要的帳號密碼。https://www.dashlane.com
- LastPass：替你的大腦記住所有密碼。https:// www.lastpass.com
- RoboForm：您再也不用記住任何密碼，也毋須重複填寫登錄信息。https://www.roboform.com
- Zoho Vault：團隊的密碼管理員。https://www.zoho.eu/vault

任務與專案管理工具

> 任務與專案管理工具非常多，更多相關資訊請上https://en.wikipedia.org/wiki/ Comparison_of_project_management_software。

- Aha!：替你管理產品，在策略與執行間建立連結的路徑圖軟體。適合需要找回自信的專案管理人員。https://www.aha.io
- Asana：輕鬆管理團隊專案與任務。https://asana.com
- Basecamp：Basecamp 替你把完成工作需要的資源集中在一處，用沈

著有條理的方式來管理專案、與客戶合作、與全公司溝通。https://
basecamp.com

- Cage：讓設計師、代理商與工作團隊可以分享創意成果的專案管理／
協作軟體。https://cageapp.com/
- Clio：處理法律事務所的大小事務 —— 從諮詢到開發票，使用強大的
工具來管理案件、客戶、文件、帳單、行事曆、時間紀錄、報告以及
會計。https://www.clio.com
- Eylean：Scrum ／看板桌面軟體，完美結合微軟產品中的Office工具
以及TFS（Team Foundation Server）http://www.eylean.com
- FreeterFreeter：替你把工作需要的所有資源集中在同一處，馬上找到
要用的資源。https://freeter.io
- G Suite：企業專用的Gmail、Google文件與行事曆。把工作做到最好
會需要的資源全都在此，不管是使用從電腦、手機或是平板，都能無
縫接軌。https://gsuite.google.com
- Hibox：工作／專案管理、聊天、視訊通話，一個應用程式全部解
決。https://www.hibox.co 可參考我與共同創辦人暨首席營運長史賓
塞‧庫恩Spencer Coon的訪談（https://collaborationsuperpowers.
com/109-capture-productivity-in-one-place-with-hibox）。
- Instagantt：Asana 的甘特圖。以最專業的方式管理行程、任務、時程
表與工作量。https://instagantt.com
- InVision：使用白板替你的專案建立脈絡 —— 儲存、共享、討論創意
構思的靈活空間。內建各種版型，幫助你替自己的構想建立視覺層級
圖。https://www.invisionapp.com
- Jira：使用Jira來規劃、追蹤、管理你的敏捷工作流程與軟體開
發專案。幫助你客製化工作流程、協作項目、推出優質軟體。
https://www.atlassian.com/software/jira可參考我與Atlassian研發
總長／工作未來主義者多姆‧普萊斯Dom Price的訪談https://
www .collaborationsuperpowers.com/evolve-rituals-include-remote-
colleagues-2

- Nozbe：代辦事項、工作、專案與時間管理應用程式。https://nozbe. com。可參考我與創辦人麥克・斯利溫斯基的訪談https://www. collaborationsuperpowers.com/99-curate-your-notifications-for- maximum-productivity
- Pivotal Tracker：世界各地開發師首選的敏捷專案管理工具，用能 設定優先順序的共享待辦事項面板進行即時協作。https://www. pivotaltracker.com
- Podio：把所有內容、對話和流程整理、存放在單一工具內。Podio可 以幫助團隊成員保持專注與頭腦清晰，藉此拿出最好的工作表現。 https://podio.com
- ProofHub：多功能專案管理軟體，滿足成長中企業的需求。https:// www.proofhub.com
- Quip：Quip 文件是團隊協作總部。在行事曆、看板、影片、圖片和 投票中，遷入或自創即時應用程式。https://quip.com。
- Redbooth：好上手的線上工作／專案管理軟體，幫助忙碌的團隊完成 更多工作。https://redbooth.com
- Redmine：靈活的跨平台／跨資料庫專案管理網頁程式，使用 Ruby on Rails框架。https://www.redmine.org。
- Ring Central：用團隊訊息、檔案共享、工作管理、時程安排與整合 功能取代不必要的電子郵件，替你節省三分之一的時間。https://www. ringcentral.co.uk/teams/overview.html
- Salesforce Chatter：共享知識、檔案以及數據。與組織各部的專家聯 繫，不論這些人的職位為何，身在何處。https://www.salesforce.com/ products/chatter/overview
- ScrumDo：提昇工作表現的敏捷／看板軟體。https://www.scrumdo. com。可參考我與共同創辦人馬克・休斯Marc Hughes的訪談https:// www.collaborationsuperpowers.com/64-align-your-remote-team-in- scrumdo-with-marc-hughes
- Scrumile：不再需要在Jira與scrum工具間抉擇……替你的敏捷團隊提

供最好的裝備。https://www.scrumile.com

- Scrumpoker：在Confluence內玩「規劃撲克牌遊戲」，以此評估Jira代辦事項。https://softwaredevtools.com/scrum-poker
- Smartsheet：規劃、追蹤、自動化、提交工作報告。快速讓你的想法產生影響力。https://www.smartsheet.com
- Talkspirit：屬於你自己的企業社群網絡解決方案，可以共享資訊、鼓勵使用現代化的協作方式，並加強企業文化。https://www.talkspirit.com
- Teamwork：線上專案管理／用戶支援／團隊通訊軟體，提升團隊生產力、溝通能力以及整體客戶滿意度。https://www.teamwork.com
- Trello：Trello 的白板／清單／卡片可以幫助你紀錄所有內容，不論是大方向還是最小的小細節。https://trello.com
- Vivify：小規模敏捷團隊與大規模組織皆適用。由上至下集中管理所有專案。https://www.vivifyscrum.com
- 臉書Workplace：團隊分享想法、腦力激盪、一起完成更多事情的空間。臉書 Workplace 不只是協作工具，還可以連結至你常用的功能以及最愛的企業工具。https://www.facebook.com/workplace
- Yammer：與組織各部人員保持聯繫，快速做出更好的決定。https://www.yammer.com
- ZenHub：GitHub的敏捷專案管理軟體。具備複合檔案庫白板（Multi-repo Boards）、故事敘述（Epics）、報告等功能 —— 在GitHub 內就可使用。https://www.zenhub.com

時間紀錄工具

- Clockify：簡單的時間紀錄／時程表應用程式。使用人數無上限，永久免費。https://clockify.me
- Clockspot：紀錄各地員工的工作時間。即時管理時程表。幾分鐘就能完成薪資單。https://www.clockspot.com

- Harvest：讓你對時間紀錄／繳交報告更有概念的軟體。https://www.getharvest.com
- RescueTime：幫助你了解自己每天的習慣，讓你更加專注，更有生產力。https://www.rescuetime.com
- Time Doctor：工時記錄軟體，幫助你和團隊每天完成更多工作。https://www.timedoctor.com
- Toggl：最順手的時間紀錄工具。https://toggl.com

時區工具

- Every Time Zone：不再需要動腦計算時差。http://everytimezone.com
- The Time Zone Converter：快速轉換另一個時區的時間。http://www.thetimezoneconverter.com
- Timezone.io：了解團隊成員所在地的時間。https://timezone.io
- World Time Buddy：世界時鐘、時區轉換／線上會議排程工具。https://www.worldtimebuddy.com
- World Time Zone：世界時區與現在時間的地圖。https://www.worldtimezone.com

虛擬助理工具

- Time etc：位在美國的虛擬助理，替你整理代辦事項，費用只要全職行政助理的一小部分。https://web.timeetc.com
- VirtualEmployee：不管是更新資料庫這類簡單的工作，或是複雜的VBA程式撰寫，虛擬助理全都可以替你完成。https://www.virtualemployee.com
- Zirtual：企業家、專業人士和小規模團隊的虛擬助理。https://www.zirtual.com

工作流程與程序自動化

- Asana：所有工作流程的基地……建立工作流程並追蹤團隊的工作進度。https://asana.com/uses/workflow-management
- Dojo：走在最前端的現代網頁應用程式框架。https://dojo.io
- Integrify：藉著工作流程自動化來提升生產力、效率以及顧客體驗。https://www.integrify.com/workflow-automation
- KiSSFLOW：工作流程工具／企業程序工作流程管理軟體，替你把工作流程自動化。https://kissflow.com
- Nintex：利用工作流程和自動文件產出，在現今的數位世界有效提升競爭力。
- 即時工作流程分析可以提升操作能見度並改善企業成果。https://www.nintex.com /workflow-automation
- ProcessMaker：直覺、拖放式介面，讓企業分析師在替批准式工作流程建立模型時更加容易。https://www.processmaker.com
- Skore：跨團隊知識平台，可與個人工作流程整合，更快看到工作成果。http://skore.io
- WebProof：工作流程軟體／審查工具。上傳、分享，等客戶評論、批准。輕鬆節省時間。http://www .webproof.com
- Zapier：整合你的應用程式，把工作流程自動化。https://zapier.com
- Zoho Creator：客製化的工作流程，讓溝通變得更精簡，例常工作自動化，有效管理每一天的工作。https://www.zoho.com/creator/workflow-automation.html

團隊建立工具

表達感謝

- Bonusly：互動式的讚賞／獎勵平台。讓你的公司文化變得更豐富，把

讚賞變得有趣，讓你愛上你的工作。https://bonus.ly

- Cobudget：幫助機構、團體更輕鬆分配基金。https://cobudget.co
- GroupGreeting：只要60秒就可完成團體電子賀卡，還可以加入照片，邀請他人簽名。見證別人因你而有了美好的一天！http://www.groupgreeting.com
- HeyTaco!：用有趣又特別的善良貨幣「墨西哥捲餅」來發起對話，建立更穩固的關係！https://www.heytaco.chat
- Kudobox.co.：輕鬆表示感謝。http://kudobox.co
- Merit Money：360度零死角的同儕感謝機制。https://management30.com/practice/merit-money
- 領英Kudos：互相追蹤的領英用戶可以互給 kudos。https://www.linkedjetpack.com/linke- din-secrets/linkedin-kudos/
- Mo：用鮮活的方式來給員工認可，可以提升員工參與度，著重於社交與同儕間的活動。https://mo.work/
- Tinggly：用故事取代禮物。選一個禮盒，收禮人可以從禮盒中選擇一個體驗，溫暖又有趣。https://www.tinggly.com/
- YouEarnedIt：即時又別具意義的讚賞方式。個人化的強大獎勵機制。提供想法、進行分析。https://youearnedit.com

回饋工具

- 15Five：解鎖工作團隊的整體潛力。輕鬆持續提供回饋。https://www.15five.com
- Elin：可以替團隊找出待開發領域，提供執行步驟，幫助員工與管理者進步。https://elin.ai/about/
- Officevibe：提供來自團隊的真實回饋，主動在問題發生前把可能發生的問題化成溝通，把溝通變成解決方案。https://www.officevibe.com
- Selleo Merit Money Service：360度同儕回饋機制，用kudo來獎勵同事（獎勵點數可以轉換成獎金）── 藉此感謝同事的努力、表現、行

為等所有值得嘉獎的事。https://selleo.com/portfolios/merit-money-service/?pnt=6067
- Team Canvas：團隊合作的企業模型畫布。快速安排統整會議，把團隊成員的腳步調整至一致，解決衝突，建立高生產力的文化。http://theteamcanvas.com

回顧會議

- Confluence的敏捷回顧會議軟體Agile Retrospectives：使用Confluence來進行互動式回顧會議。https://softwaredevtools.com/retrospectives
- Jira的敏捷回顧會議軟體Agile Retrospectives：透明度＋能見度 = 團隊信賴感。展開不斷進步的旅程吧。https://softwaredevtools.com/retrospectives/jira
- Fun Retrospectives：讓敏捷回顧會議充滿更多互動的活動與創意。http://www.funretrospectives.com
- Mindful Team：團隊健檢與回顧會議，幫助你的團隊測量、記錄並處理生產力和工作士氣。https://mindful.team。可參考我與共同創辦人艾瑪・喬伊・歐巴內Emma Joy Obanye與艾琳・法蘭西斯Irene Francis的訪談https://www.collaborationsuperpowers.com/ 140-reflect-and-take-action-with-mindful-team
- Online Scrums：建立有系統的每日Scrum會議與衝刺型檢討會議，並與強大的報告功能整合。https://www.onlinescrums.com
- RemoteRetro：讓遠距團隊成員晉升為一等公民，讓敏捷回顧會議品質更優、更有效率。https://remoteretro.io
- Retrium：投票給最優秀的點子，安排討論的優先順序，保持團隊互動。https://www.retrium.com/welcome/lisette-sutherland）可參考我與創辦人／執行長大衛・霍羅威茨的訪談（https://collaborationsuperpowers.com/37-abolish-the-postmortem-with-david-horowitz）。

- Retro Tool：簡單、有趣、靈活的回顧會議。」可以使用空白白板或從以下預設模版中三選一：「生氣／傷心／開心」（Mad/Sad/Glad）、「開始／停止／繼續」（Start/ Stop/Continue）或是「喜歡的／學到的／缺乏的」（Liked/Learnt/Lacked）。（https://retrotool.io）
- Scatterspoke：幫助你改善過去兩週工作狀態的回顧會議。https://www.scatterspoke.com 可參考我與共同創辦人柯琳‧強森的訪談 https://collaborationsuperpowers.com/ 68-manage-the-work-not-the-people-with-colleen-johnson
- TeamRetro：著重於具體執行面的簡單互動式回顧會議，提供客製化模版。https://www.teamretro.com

外出活動

- Coworkation：以世界各地最美麗的景點為背景，與同事一起來場心靈之旅。https://coworkation.com 可參考我與顧問克絲蒂‧湯普森 Kirsty Thompson 的　訪　談 https://collaborationsuperpowers.com/101-coworkation-when-work-meets-vacation
- Dr. Clue：解開團隊合作的謎團。https://drclue.com）可參考我與創辦人戴夫‧布魯的訪談（https://collaborationsuperpowers.com/74-solve-the-puzzles-of-remote-teamwork-with-dr-clue）。
- Rebel + Connect：替你的團隊打造客製化的線上旅遊活動。http://www.rebelandconnect.co 可參考我與共同創辦人查理‧伯奇 Charlie Birch 的 訪 談（https://collaborationsuperpowers.com/103-retreats-for-remote-teams）。
- Remote-how：把數位遊民趨勢引進企業生活，替員工安排遠距工作。Remote-how 遠距工作／遠距旅遊提案，替你吸引並留住頂尖人才。https://www.remote-how.com
- Surf Office：使用 Surf Office 離開辦公室，來場團隊建造體驗。不論是全體員工共同參與，或只是和遠距團隊見個面，Surf Office 以獨特的

方式結合工作與玩樂，絕對能幫助你和員工建立更深的情誼。https://
www.thesurfoffice.com/

虛擬辦公室工具

> 在虛擬辦公室內與同事一起工作，可以創造意想不到的歸屬
> 感與連結。

- Bisner：幫助世界各地的共同工作空間建立更優質的溝通與互動。
  https://www.bisner.com
- Complice：找人一起工作。如果房間內沒有人，也可以邀請朋友加
  入。https://complice.co/rooms
- PukkaTeam：把你的遠距團隊聚在一起，使用自動自拍功能在團隊中
  建立存在感，整天都可以看到同事的狀態。https://pukkateam.com/
- Sococo：這是可以自製樓層平面圖的虛擬辦公室。辦公室中可以看
  到所有登入員工的虛擬代理人，每個人都知道有哪些人在工作。小組
  討論室支援視訊以及共享螢幕，虛擬茶水間可供聊天，也有請勿打
  擾辦公室。https://www.sococo.com 可參考我與 Sococo 團隊成員的訪
  談（https://collaborationsuperpowers.com/60-be-a-high-functioning-
  connected-team-in-a-sococo-virtual-office）。
- Walkabout Workplace：一流的線上工作空間，在團隊成員間建立順暢
  的連結。https://www.walkaboutco.com

其他實用工具

- Chatlight：第一個專替視訊聊天設計的充電式光源。Chatlight 與多數
  裝置相容，也可以調整亮度與方向。https://www.chatlight.com

- Duet Display：讓前蘋果工程師替你把iPad變成第二台顯示器。
  https://www.duetdisplay.com
- Jabra Speak Series：入門款會議專用攜帶式USB擴音器。https://www.
  jabra.com/business/speakerphones/jabra-speak-series
- Rocketbook：專替數位世界設計的神奇紙筆筆記本。https://
  getrocketbook.co.uk
- Sidecar：把平板裝置接上筆記型電腦，變成第二個顯示器。http://
  www.dockem.com/SideCar-by-VenosTech-p/sidecar-wh.htm
- Topo：站得好、站得巧。替站立式書桌設計的防疲勞腳墊。http://
  ergodriven.com/topo

「隨處都是辦公室」工作坊

● ● ●

　　以下介紹的工作坊共分成4個部分，可以線上參加，也有實體課程，一步步帶你理解虛擬團隊工作時最重要的注意事項。

設定共事的方式：設計團隊協議，課程內容包含：
- 如何建立遠距團隊工作指導方針。
- 遠距工作的溝通協定。
- 紀錄團隊協議的工具。

在線上模擬實體辦公室，課程內容包含：
- 如何打造寬頻工作場所。
- 維持溝通穩定的工具。
- 保持每位成員步調一致的技巧。

把線上會議變得專業，課程內容包含：
- 如何選擇並有效運用線上會議科技。
- 如何提升互動與參與度，且減少干擾因素以及多工的情形。
- 有效遠距會議的溝通協定。

給予建議／聽取建議，課程內容包含：
- 如何建立360度的回饋機制。
- 如何進行遠距回顧會議。
- 快速、持續的回饋技巧。
- 表達感謝的工具。

詳細內容可參看https://collaborationsuperpowers.com/anywhereworkshop

免費索取更多資料

● ● ●

本書另有以下3個部份，列出大量的附加參考資料與延伸閱讀書目。若全數列於紙本書中，將使訂價大幅上漲。為盡力降低讀者負擔，兼顧節約用紙的環保考量，歡迎讀者來信索取免費PDF檔案，我們將以電郵方式寄贈。

來信請寄至 ylib@ylib.com，主旨註明「索取歐洲彈性工作手冊更多資料」。

訪談人物簡歷

作者為撰寫此書，訪問了超過80餘位創業家、遠距工作者與企業高層主管，他們的訪談內容與智慧心得，遍見於本書各篇章之中。他們每一位的簡歷均有中譯，歡迎參看。

延伸閱聽書目資料與諮詢服務

內有幫助歐美自由工作者收費訂價的指引網站、自由工作者聯盟的網站、網站上的職缺列表、多本書籍參考資料、與來自不同文化環境者共事的指引、顧問諮詢資源、人資需注意事項、線上工作網站等，共約200則。

本書註釋

內文中各篇章註釋總數近400則。書中內文編排時均已如實標示註釋號碼，方便參看。

歐洲彈性工作法則

提升人生滿意度，促進團隊生產力，成功遠距＋彈性工作的全方位最新實用指南

WORK TOGETHER ANYWHERE: A Handbook on Working Remotely Successfully for Individuals, Teams and Managers.

作　　者 萊絲特‧薩德蘭（Lisette Sutherland）
　　　　　克麗思登‧珍妮—尼爾森（Kristen Janene-Nelson）
譯　　者 高霈芬
行銷企畫 劉妍伶
責任編輯 陳希林
封面設計 陳文德
內文構成 6 宅貓

發 行 人 王榮文
出版發行 遠流出版事業股份有限公司
地　　址 104005 臺北市中山區中山北路 1 段 11 號 13 樓
客服電話 02-2571-0297
傳　　真 02-2571-0197
郵　　撥 0189456-1
著作權顧問 蕭雄淋律師
2023 年 04 月 01 日 初版一刷
定價 平裝新台幣 420 元（如有缺頁或破損，請寄回更換）
有著作權‧侵害必究 Printed in Taiwan
ISBN：978-626-361-033-0
ɣlib 遠流博識網 http://www.ylib.com
E-mail: ylib@ylib.com

國家圖書館出版品預行編目資料

歐洲彈性工作法則：提升人生滿意度，促進團隊生產力，
成功遠距＋彈性工作的全方位最
新實用指南/萊絲特.薩德蘭(Lisette Sutherland), 克麗思登.珍
妮-尼爾森(Kristen Janene-Nelson)著；高霈芬譯. -- 初版. --
臺北市：遠流出版事業股份有限公司, 2023.04
　　面；　　公分
譯自：Work together anywhere : a handbook on working
remotely successfully for individuals, teams and managers.
ISBN 978-626-361-033-0(平裝)

1.CST: 工作效率 2.CST: 電子辦公室 3.CST: 職場成功法

494.35   112002773